国家林业和草原局普通高等教育“十四五”规划教材

鸟类学实验实训教程

段玉宝　罗　旭　主编

中国林業出版社
China Forestry Publishing House

内容简介

本教材以培养学生实验操作能力、野外实践综合能力、有效开展科研训练为宗旨，在总结多年鸟类学实验和野外实训教学经验、鸟类资源特点和生物学特性的基础上，系统地介绍了鸟类实验和实训的准备与要求，包括鸟类形态观察和测量、羽毛显微结构观察、解剖和内部结构观察、鸟类标本的制作；鸟类野外识别、多样性调查、种群数量调查、鸣声录制与分析、行为观察与分析、警戒行为、混合群观察、访花和食果鸟类调查与分析、实训论文的撰写等内容。本教材语言简洁、流畅，图文并茂，具有较强的前沿性、实用性和拓展性，因此，既可作为相关院校野生动物与自然保护区管理、湿地保护与恢复、生物科学、生态学等专业的实验实训指导用书，也可为相关专业研究生、保护区工作人员及业余爱好者提供参考。

图书在版编目（CIP）数据

鸟类学实验实训教程 / 段玉宝，罗旭主编. —北京：
中国林业出版社，2025. 1
国家林业和草原局普通高等教育“十四五”规划教材
ISBN 978-7-5219-2405-3

Ⅰ. ①鸟… Ⅱ. ①段… ②罗… Ⅲ. ①鸟类-实验-
高等学校-教材 Ⅳ. ①Q959. 7-33

中国国家版本馆 CIP 数据核字（2023）第 204622 号

策划编辑：王奕丹
责任编辑：王奕丹
责任校对：苏 梅
封面设计：五色空间

出版发行：中国林业出版社
（100009，北京市西城区刘海胡同 7 号，电话 83223120）
电子邮箱：jiaocaipublic@ 163. com
网 址：https://www. cfph. net
印 刷：北京盛通印刷股份有限公司
版 次：2025 年 1 月第 1 版
印 次：2025 年 1 月第 1 次印刷
开 本：710mm×1000mm 1/16
印 张：9. 125 彩插：2. 125
字 数：214 千字
定 价：42. 00 元

《鸟类学实验实训教程》编写人员

主　　编： 段玉宝　罗　旭

副 主 编： 李奇生　兰天明　郑雪莉　邢晓莹

编写人员：（按姓氏拼音排序）

段玉宝（西南林业大学）
范丽卿（西藏农牧学院）
冯莹莹（江西省林业科学院）
蒋爱伍（广西大学）
兰天明（东北林业大学）
李　宁（南京晓庄学院）
李东明（河北师范大学）
李奇生（西南林业大学）
刘士龙（西南林业大学）
罗　旭（西南林业大学）
潘新园（华南农业大学）
王　楠（北京林业大学）
吴永杰（四川大学）
邢晓莹（东北林业大学）
杨小菁（中国地质大学）
郑雪莉（西北农林科技大学）
周用武（南京警察学院）

绘　　图： 牛雅婷

摄影供图： 罗　旭　段玉宝

主　　审： 韩联宪

前言

党的二十大报告指出，中国式现代化是人与自然和谐共生的现代化。将人与自然和谐共生作为中国式现代化的重要特征和本质要求之一，对推动形成人与自然和谐共生的现代化建设新格局、以中国式现代化全面推进中华民族伟大复兴具有重要意义。鸟类种类繁多，在自然界发挥着重要的生态作用，鸟类资源的保护与利用是人与自然和谐共生的直接体现。人类驯养鸟类历史悠久，以获取肉蛋，或者用于祭祀、观赏、娱乐为主，因此，人类文明处处都有鸟类的印记，包括音乐、舞蹈及各种文学作品。时至今日，家鸡、家鸭，鹌鹑、火鸡等，每年仍为人类提供巨量的优质食物。对鸟类的研究，涉及分类学、形态学、行为学、生态学、遗传学、细胞学、进化生物学、分子生物学等诸多学科，理论创新层出不穷，不断加深着我们对鸟类的起源和演化、鸟类的生存和适应、鸟类多样性和保护的认识。

云南是中国鸟类种类最为丰富的地区，目前记录鸟类 945 种。课程建设方面，西南林业大学于 1993 年开设野生动物保护与利用本科专业(现称野生动物与自然保护区管理)，就将鸟类学作为专业核心课纳入本科教学，至今已 30 余载。师资方面，屈文正、杨岚、韩联宪等鸟类研究先辈，都曾担任鸟类学的主讲教师，培养了大量的鸟类研究、保护和管理工作人员。配套教材方面，20 世纪 90 年代初使用常家传先生的著书，1995 年后使用郑光美院士所著《鸟类学》。

在长期的教学实践中，我们发现鸟类学理论的教学必须结合实验和野外实践，才能让学生对丰富多彩的鸟类世界产生兴趣，从而激发学生思考理论知识的内涵和外延、思考野外研究方法和实际工作可行性等问题。可惜的是，国内至今未有与鸟类学教材配套使用的实验、实训指导用书。以我校野生动物与自然保护区管理专业创建国内一流专业为契机，我们汇集了多年来鸟类学实验和实训教学的素材，并邀请相关高校从事一线教学的同行、专家共同编写本教材，力求让学生在充分了解鸟类学最新研究成果的同时，强化培养学生的实践动手能力，从而提高鸟类学的教学水平，达到培养专门人才的目的。

本教材分为实验篇和实训篇两个部分。实验篇主要内容包括鸟类的形态、皮肤衍生物、骨骼及内脏系统、检索表制作等；实训篇主要包括野外物种识别、鸟类调查方法、红外相机的运用等。本教材除可供野生动物与自然保护区管理、湿地保护与恢复及相关专业的本(专)科生学习使用外，还可用于广大的林业、生态环境、自然保护工作一线管理人员和鸟类爱好者参考使用。各高等农林院校同样可以根据自身教学内容、学时、教学条件、动物种类等对教材内容进行适当选择和精简。

本教材的出版得到云南省本科高校专业“增 A 去 D”行动野生动物与自然保护区管理、林学和森林保护一流专业建设经费，以及云南省职业教育专项资金(林业技术-林学“3+2”高本贯通培养改革试点项目)、云南省森林灾害预警与控制重点实验室、云南省高校极小种群野生动物保育重点实验室的资助。本教材在文字校对、图表选用等方面，汤锦涛、康艺馨、元青苗、康泽沼、刘俊等研究生做了大量工作，在此一并表示感谢。

限于编者的知识水平和教学经验，本教材不足之处在所难免，恳请广大师生、同行及读者提出宝贵意见(luoxu@ swfu. edu. cn)，以便今后加以完善和改进。

编者

2023 年 8 月

目录

实训篇

实验篇

第 1 章 | 实验的要求与准备

1.1 实验目的

①通过实验课教学，验证和巩固鸟类学课程理论知识，加深理解。

②熟悉鸟类学实验的基本操作和技术要点，提高动手能力、观察分析及解决问题的能力。

③培养科学、严谨、实事求是的学风。

1.2 实验要求

①实验前应仔细阅读实验教程，明确实验目的、实验内容和操作步骤。将必需的实验用品(实验服、实验报告等)带到实验室。

②学生应按规定时间提前进入实验室，做好实验前的准备工作。

③准备好实验用的材料和工具(如显微镜、解剖器具等)。不许将解剖器具用作其他用途，如削铅笔、剪与实验无关的物品等。

④实验时严肃认真、实事求是、独立思考、独立完成，保持实验室的安静。

⑤实验开始时应认真听授课教师的讲解。

⑥严格根据实验教程进行工作，在实验工作中要做到尽量独立解决问题，必要时可以向已完成实验的同学或老师请教。

⑦爱护实验室的物品，避免损坏、浪费。如有损坏应及时报告。

⑧每次实验最后的 10~20 min 应做好实验总结。

⑨实验完毕后，个人须将实验用过的工具清洗干净并擦干，整齐放入解剖盒以备下次使用。最后清理实验桌，保持台面整洁。

⑩离开实验室前，班级值日生应打扫实验室，关好水、电、门、窗后方可离开实验室。

1.3 常用工具及用途

①解剖刀　用于剖开、切除动物体组织或器官。

②骨钳　用于剪断骨骼。小型动物解剖时也可用中式剪替代骨钳。

③解剖剪　有大、小两种，大的为手术剪，用于剪开或剪除动物体组织或器官；小的为眼科剪，只用于剪动物体薄膜和细小的结构。

④镊子　有大、小和尖、钝之分，在提取动物体或解剖时用以固定动物体或分离器官及组织。钝头的也可用于探寻体内管道。

⑤载玻片　长方形的薄玻片，在显微镜观察时用于放置微小动物或动物组织。

⑥盖玻片　极薄的方形小玻片，用于覆盖载玻片上的被观察物。一方面可保护显微镜物镜，另一方面可使被观察物压成一薄层，利于观察。

⑦擦镜纸　专门用于擦抹显微镜和解剖镜镜头玻璃的柔软棉纸，绝不可用于擦抹他物。

⑧蜡盘　用熔化石蜡注入大培养皿或金属大盘，凝固后即成。用于存放动物或解剖时插大头针以固定动物(大头针应与蜡盘呈45°插入)。

⑨解剖针(探针)　有直头和弯头两种，用于分离动物体细小部分，或探寻动物体内管道及小孔。

⑩游标卡尺　是一种测量长度、内外径、深度的量具，由主尺和附在主尺上能滑动的游标两部分构成。主尺一般以毫米为单位，而游标上则有10、20或50个分格。根据分格的不同，游标卡尺可分为10分度游标卡尺、20分度游标卡尺、50分度游标卡尺等，游标为10分度的有9 mm，20分度的有19 mm，50分度的有49 mm。

1.4　显微镜使用注意事项

①在观察玻璃制片时要从整体到局部，即先用低倍镜(4×)寻找你需要观察的视野，然后转换到中倍镜(10×)，最后使用高倍镜(40×)进行观察。一般不使用100×物镜。

②在由低倍镜向高倍镜转换时，一定要先转动粗调旋钮将载物台向下移动一小段距离，然后逐渐向上旋动，同时用肉眼观察；当载物台上玻璃制片与物镜很接近时，再在目镜下使用细调旋钮调整，进而观察所需部分，此时绝不能旋动粗调旋钮，否则可能损坏制片或镜头。

③在高倍镜下应使用反光镜的凹面。使用带光源的显微镜时，应由暗到明调节光源亮度。

④当观察细微结构时可适当调小光圈。

⑤在显微镜左侧有一个调节载物台的手柄，当载物台无法向上转动时可将手柄转松，载物台即可继续转动。注意在中倍镜下聚焦清晰后，一定要将手柄锁住以固定，否则容易损坏玻璃制片。

1.5 生物绘图注意事项

①自备绘图铅笔(2B、2H、HB 等)，橡皮、直尺、铅笔刀、绘图纸(16开)等。

②绘图要精确、真实且简明。

③绘图的大小应适宜，图的各部分结构必须按要求标示清楚。

④绘图时要先测量或估量一下标本的大小、比例，按照应放大或缩小的倍数用铅笔轻描在纸上。

⑤用软铅笔(HB)把整体轮廓及主要部分轻轻画出。

⑥根据草图添绘各部分的详细结构，最后用硬铅笔(2H 或 3H)以清晰的笔迹画出。

⑦图画应注释完整。

1.6 实验报告撰写

实验报告需完整阐明本次实验的实验目的、实验仪器、实验内容与实验步骤、实验过程与分析、实验结果及结论，反映本次实验的要点、要求以及完成过程等情况。

(1)实验目的

本次实验所涉及并要求掌握的知识点。实验目的要明确，要抓住重点，可以从理论和实践两个方面考虑。

(2)实验仪器

实验所使用的主要工具和仪器设备名称及规格。

(3)实验内容与实验步骤

实验内容与实验步骤是实验报告最为重要的部分，要写明经过哪些步骤开展了哪些实验内容，必要时还应该配流程图，这样能使实验报告简明扼要。

(4)实验过程与分析(数据记录分析)

应详细记录在实验过程中发生的问题并进行分析，说明分析的过程及方法。根据具体实验，记录、整理相应数据表格。

(5)实验结果

根据实验中发现的问题和分析的情况得出结果。

(6)结论

根据实验过程中发生的问题进行归纳和总结。

第2章 | 鸟类外部形态的观察

2.1 实验目的

鸟类的外部形态特征是识别、鉴定鸟种最为直接和重要的依据，是鸟类分类和鉴定工作的基础。通过对不同生态类型鸟类外部形态，如对翅型、尾型、(蹼)足型、羽毛斑纹、跗跖、鳞片及其他皮肤衍生物形态结构的观察、划分和命名，掌握鸟类各部位的名称、形态术语，学会鸟类不同形态结构的识别和分类。通过本实验，了解鸟类外部形态的名称、描述和区分方法，理解鸟类身体形态、结构与环境适应之间的关系。

2.2 实验内容

①观察鸟类标本，辨别鸟类的形态特征，学习并了解鸟类的形态术语。

②通过对鸟类活体或各类群标本的观察，熟练辨别鸟类翅型、尾型、(蹼)足型、羽毛斑纹、跗跖、鳞片及其他皮肤衍生物的形态和特征。

2.3 实验材料及工具

(1)实验材料

不同生态类群的鸟类标本、活体实验鸟类。

(2)实验工具

电子天平(活体实验鸟类用)、卷尺、游标卡尺、皮尺、圆规或分规、折尺等。

2.4 实验方法及步骤

鸟类是体表被覆羽毛、有翼、恒温和卵生的高等脊椎动物，旺盛的新陈代谢和飞行运动是鸟类区别于其他脊椎动物的特征。鸟类的躯体结构发生了很多适应性的改变，以适应独特的运动方式——飞行。本实验通过观察鸟类的额、头、

颈、背、腰、胸、腹、两胁、肛周、跗跖等各部位，依据鸟类外部形态模式图(图2-1)进行部位划分和命名，同时也应注意喙、脚、爪的颜色及形态。对于活体实验鸟类，还需要观察瞬膜的结构及运动、虹膜颜色等。下面对头部、颈部、喙、躯干、翅型、尾型、腿和足、羽毛斑纹、皮肤衍生物等方面进行详细介绍。

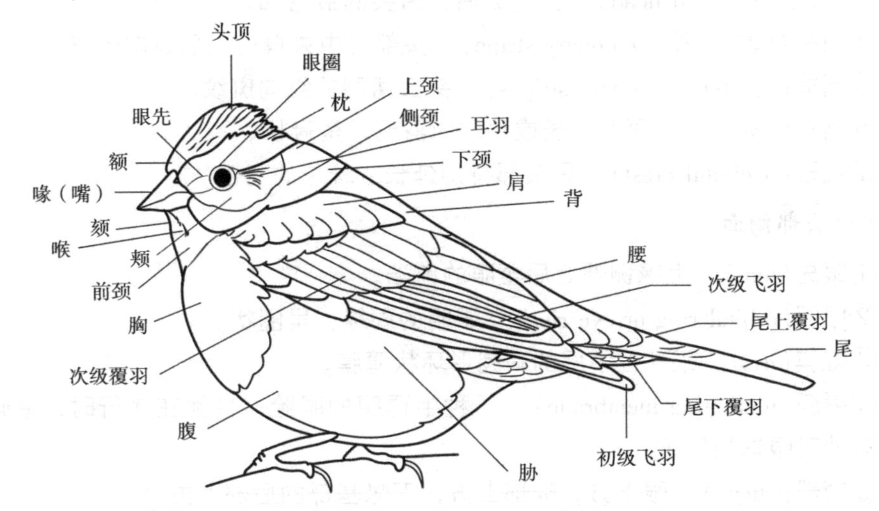

图2-1 鸟类外部形态常用术语图注(仿刘阳和陈水华，2021)

2.4.1 头部

鸟类的头部较小，前端为喙，无齿(图2-2)；眼睛较大，视觉发达，具有双重调节(鸟类特有的视觉调节方式，不仅能改变晶状体的形状，还能改变角膜的屈度)的功能；听觉器官只有内耳、中耳和雏形的外耳道，没有耳郭。

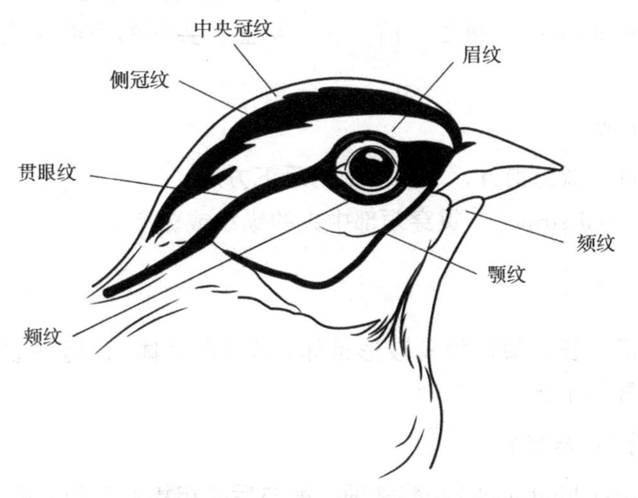

图2-2 鸟类头部常用术语图注

(1)头顶

①额(额头，forehead)　与上喙基部相接的头的最前部。

②头顶(crown or vertex)　头顶的正中部，和额头相接。

③枕(后头，hind head)　头顶之后，为头的最后部。

④中央冠纹(顶纹，coronary stripe)　头部正中央自前向后纵向的斑纹。

⑤侧冠纹(lateral coronary stripes)　头部两侧的纵向斑纹。

⑥羽冠(crest)　头顶上延长或耸起的羽毛，呈冠状。

⑦枕冠(occipital crest)　后头部特别延长或耸起的羽毛。

(2)头部侧面

①眼先(lore)　上喙侧部之后至眼的前端。

②眼圈(orbital ring or eye ring)　眼睛的周缘，呈圈状。

③虹膜(iris)　眼球壁中层的扁圆形环状薄膜。

④瞬膜(nictitating membrane)　一种半透明的眼睑，鸟类在飞行时，借瞬膜防止风沙对眼球的伤害。

⑤颊部(cheek)　眼下方，喉部上方，下喙基部的后部上方。

⑥耳羽(ear coverts)　眼后方，耳孔上的羽毛。

⑦眉纹(supercilium or superciliary stripe)　眼上部的斑纹，长者称眉纹，短者称眉斑。

⑧贯眼纹(穿眼纹，transocular stripe)　自前向后贯穿眼部的纵纹。

⑨颊纹(cheek stripe)　自前向后贯穿颊部的纵纹。

⑩颚纹(maxillary stripe)　介于颊与喉部之间，自下喙基部向后延伸的纵纹。

⑪面盘(facial disc)　两眼向前，在一平面，头部的羽毛排列呈人面状，称面盘。如鸮类。

(3)头部下面

①颏(chin)　喉部前方，下喙基部的后下方。

②颏纹(mental stripe)　贯穿颏部中央的纵纹或斑点。

2.4.2　颈部

鸟类的颈部较长，颈椎为马鞍形椎体(异凹形椎体)，运动非常灵活，以弥补前肢特化为翼的不足。

(1)颈的背面(后颈)

①上颈(upper hind neck)　简称项，即与后头相接的后颈的前部。

②下颈(lower hind neck)　后颈的后部，与背部相接。

③披肩(cape)　着生于后颈的长羽，呈披肩状。

④颈侧(sides of neck)　颈的两侧。

(2)颈的腹面

①喉部(throat)　头部下方，颈部腹面的顶端。

②上喉(upper throat)　又称颐，喉部的上端。

③下喉(lower throat or jugulum)　喉部下端。

④前颈(fore neck)　对于颈部较长的鸟类，常将喉部下方，颈部上方的位置称为前颈。

⑤喉囊(gular pouch)　着生于喉部的可伸缩囊状结构。

2.4.3　喙

鸟类的上、下颌向前延伸形成喙(又称嘴)，除古鸟亚纲外，现存的鸟类均无牙齿。鸟类在进化过程中，喙的形态结构发生了很大的变化，以适应猎取不同食物的需求。因此，喙的形状是鸟类分类的重要依据之一。鸟喙的形态术语分述如下：

①上喙(upper mandible)　喙的上部，由上颌骨延伸所形成，基部与额部相接。

②下喙(lower mandible)　喙的下部，由下颌骨延伸形成，基部与颏相接。

③嘴角(rictus or angle mouth)　上、下喙基部相接之处。

④嘴须(rectal bristles)　着生于嘴角上方的须状羽毛。

⑤鼻须(nostril bristles)　着生于额基而悬置于鼻孔上方的须状羽毛。

⑥嘴峰(culmen)　上喙的顶脊。

⑦嘴端(tip of bill)　上喙的最前端。

⑧嘴底(gonys)　下喙的底部。

2.4.4　躯干

躯干为鸟类身体最大的部分。鸟类的躯干多呈流线型结构，其外部覆有羽毛，可以减少飞行时的阻力，使鸟类能够更好地适应空中飞行。鸟类的躯干可以分为以下部分。

(1)躯干上面

①背部(back)　下颈之后至腰部之前的部分。

②上背(upper back)　背部上端，和下颈相接。

③下背(lower back)　背部下端，和腰部相接。

④肩部(scapular region)　背的两侧，两翅的基部，该区域的羽毛常特延长，

称为肩羽(scapulars)。

⑤腰部(rump) 躯干上面的最后部分，前端为下背，后端与尾部相接。

(2)躯干下面

①胸部(breast) 躯干腹面的前端，前部和前颈相接，后端接腹部。

②前胸(ches) 又称上胸，胸部的前端。

③下胸(lower breast) 胸部的后端。

④腹部(abdomen) 躯干腹面的后端，前接胸部，向后止于泄殖腔。

⑤肛周(crissum) 特指泄殖腔周围的羽毛，又称围肛羽。

(3)躯干侧面

①胸侧(sides of breast) 胸部两侧的区域。

②两胁(flanks) 又称体侧，腰部的两侧。

③腹侧(sides of abdomen) 胁部下方，腹部的两侧。

2.4.5 翅

鸟类翅膀的内部骨骼由肱骨、桡骨、尺骨、腕骨、掌骨、指骨构成，其中，腕骨、掌骨和指骨间有高度愈合的现象。鸟类翅膀上着生有强大的羽毛，是鸟类的飞翔器官。翅膀上的羽毛依照其着生的部位可分为以下部分(图2-3)。

(1)飞羽

飞羽指翅膀上着生的最长、最大的一列羽毛，构成鸟翼的主体，依其着生的部位又分为初级飞羽、次级飞羽和三级飞羽。

①初级飞羽(primaries) 此列羽毛均着生于掌骨和指骨上，计有9~10枚。初级飞羽按照其长短的排列次序称为羽式。

②次级飞羽(secondaries) 位于初级飞羽的内侧，着生于尺骨上的飞羽，通常比初级飞羽短。

③三级飞羽(tertiaries) 次级飞羽中的最后一列飞羽，也着生于尺骨上，因其形状和羽色常和其他飞羽有所不同，故称三级飞羽，也可称最内侧次级飞羽。

(2)覆羽

覆羽指掩覆于飞羽基部的羽毛，在翅膀背面的称上覆羽，在翅膀腹面的称下覆羽。覆羽依其排列的位置又可分为以下几类:

①初级覆羽(primary coverts) 位于初级飞羽基部的覆羽。

②次级覆羽(secondary coverts) 位于次级飞羽基部的覆羽，依照其排列的位置和羽片的大小又可分为以下几种。

a. 大覆羽(greater coverts): 位于初级覆羽的内侧，紧覆于次级飞羽之上。

b. 中覆羽(medium coverts)：覆于大覆羽之上，介于大覆羽和小覆羽之间。

c. 小覆羽(lesser coverts)：又称次级小覆羽，覆于中覆羽之上，为翼的最前部，羽片较小，常排列呈鳞片状。

d. 小翼羽(alula or bustard wing)：附生于第一指骨之上，着生3~4枚坚韧的短羽，称为小翼羽。

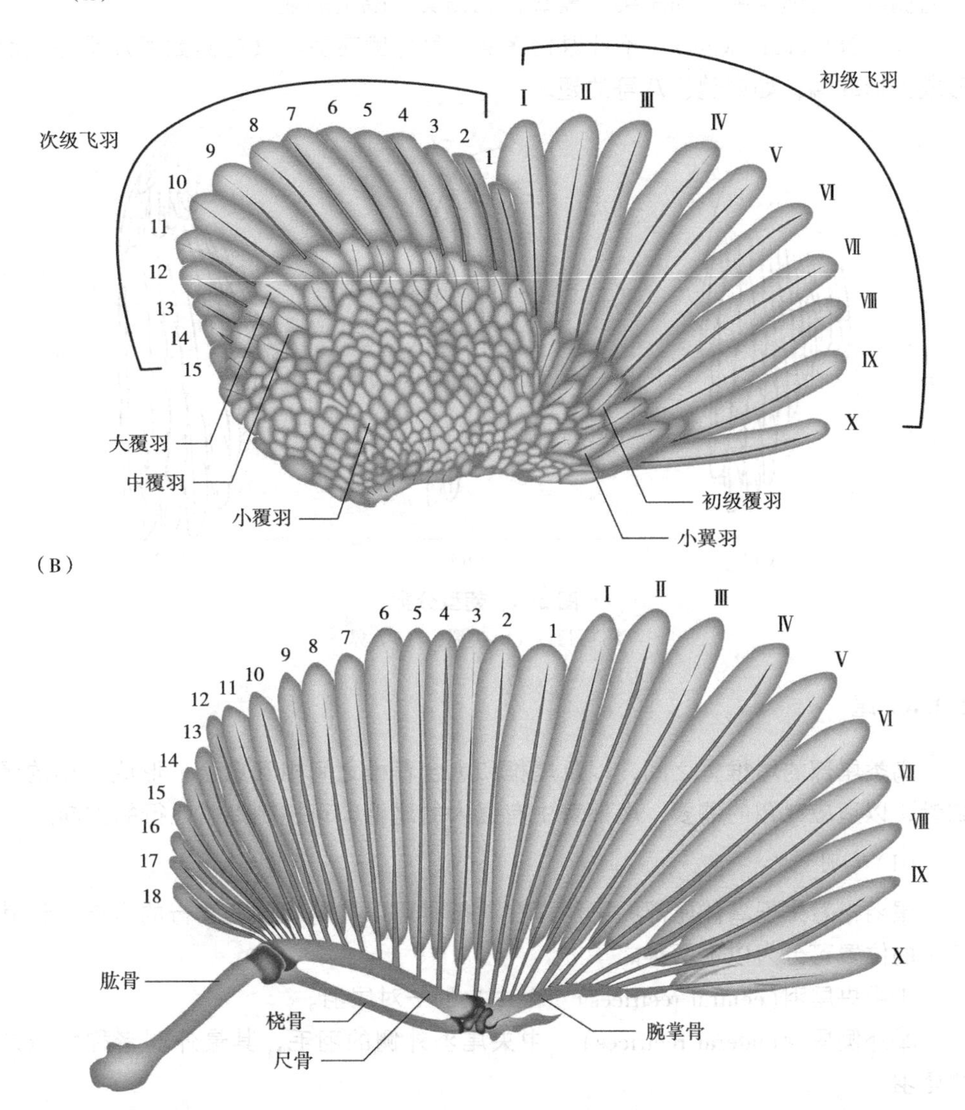

图 2-3 鸟类左侧翅膀的伸展背侧图(A)和同一翅膀的初级飞羽和次级飞羽及附着的骨骼(B)

(仿 Gill and Prum，2019)

注：I ~ X为初级飞羽，1~15(A)或者1~18(B)为次级飞羽

(3)翅型

根据翼端形状不同将翅分为以下几种(图 2-4)。

①圆翼(rounded wing)　最外侧飞羽较其内侧者为短，通常第 3、4 枚甚至第 5、6 枚最长，因而形成圆形翼端。

②尖翼(pointed wing)　退化飞羽不计，最外侧第一枚或第二枚飞羽最长，其内侧各飞羽递次缩短而呈尖形翼端，如燕类、鸥类的翅。

③方翼(square wing)　不计退化飞羽，最外侧飞羽与其内侧数羽几乎等长而形成方形翼端，如鹡鸰、八哥的翅。

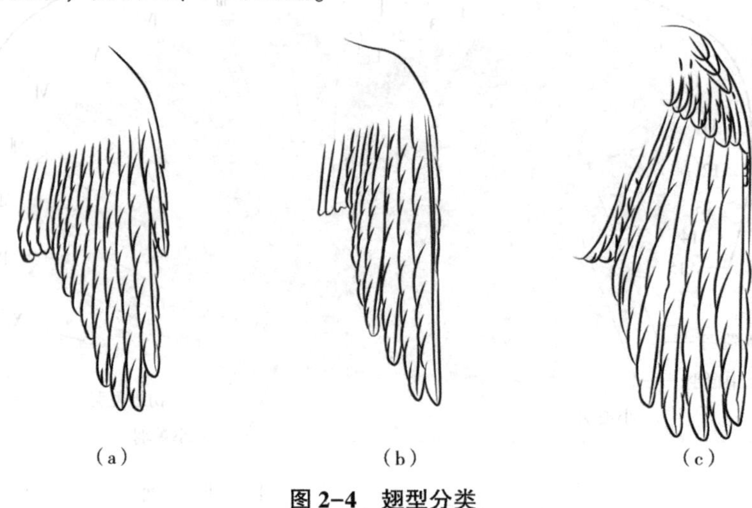

图 2-4　翅型分类

(a)圆翼；(b)尖翼；(c)方翼

2.4.6　尾

鸟类尾部的尾椎骨之间，以及尾椎和愈合荐椎之间相互愈合，形成短小的尾综骨，以适应飞翔的需要；尾部着生有强大的尾羽，可控制鸟类飞行的方向。

(1)尾羽

尾羽指着生于鸟体尾部的正羽，在飞行时可以控制和改变飞行的方向，依其着生的位置可分为以下两种。

①中央尾羽(central rectrices)　最中央的一对尾羽。

②外侧尾羽(lateral rectrices)　中央尾羽外侧的羽毛，其最外侧者称为最外侧尾羽。

(2)尾部覆羽

尾部覆羽指位于尾羽基部的覆羽，可分为以下两种。

①尾上覆羽(upper tail covers)　位于鸟体的腰部，覆盖尾羽的覆羽。

②尾下覆羽(under tail covers) 鸟体腹面，泄殖腔之后，覆盖尾羽的覆羽。

(3)尾型

鸟体尾羽的形状是鉴定鸟种的重要依据之一，大致可分为以下几类(图2-5)。

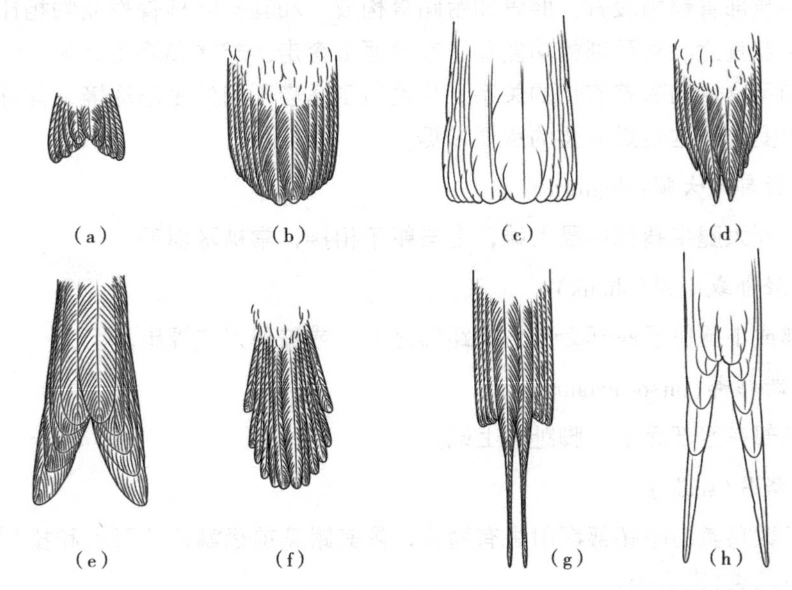

图2-5 尾型分类

(a)凹尾；(b)圆尾；(c)平尾；(d)楔尾；(e)叉尾；(f)凸尾；(g)尖尾；(h)铗尾

①凹尾(emarginated tail) 中央尾羽较外侧尾羽为短，尾羽中部向内凹入，但各尾羽的长短差别较小，如黑鸢(*Milvus migrans*)、崖沙燕(*Riparia riparia*)。

②圆尾(rounded tail) 中央尾羽较外侧尾羽为长，但各尾羽长短差别不显著，尾羽的中部稍有凸出，如黄臀鹎(*Pycnonotus xanthorrhous*)、家八哥(*Acridotheres tristis*)。

③平尾(even tail) 中央尾羽与外侧尾羽的长短相等，如麻雀(*Passer montanus*)、红胁蓝尾鸲(*Tarsiger cyanurus*)。

④楔尾(wedge-shaped tail or cuneate tail) 中央尾羽明显地长于外侧尾羽，尾羽的中部向外凸出明显，如大斑啄木鸟(*Dendrocopos major*)、星头啄木鸟(*Yungipicus canicapillus*)。

⑤叉尾(furcated tail) 中央尾羽较外侧尾羽短，尾羽中部向内凹入明显，形如燕尾，如黑卷尾(*Dicrurus macrocercus*)、叉尾太阳鸟(*Aethopyga christinae*)。

⑥凸尾(graduated tail) 中央尾羽较外侧尾羽长，各尾羽长短差别较大，尾羽的中部凸出，如蓝翡翠(*Halcyon pileata*)、棕背伯劳(*Lanius schach*)。

⑦尖尾(pointed tail) 中央尾羽远较外侧尾羽为长，尾羽中部向外凸出十分明显，如绿喉蜂虎(*Merops orientalis*)、红嘴蓝鹊(*Urocissa erythroryncha*)。

⑧铗尾(forficated tail) 外侧尾羽远较中央尾羽长，尾羽向内凹入极为明显，

如家燕(*Hirundo rustica*)、普通燕鸻(*Glareola maldivarum*)。

2.4.7 腿和足

鸟的腿部骨骼由股骨、胫骨和跗跖骨构成，和其他陆栖脊椎动物相比，鸟类腿部跗跖部直立。鸟腿部的功能除了在地面上奔走、起飞和降落之外，还同鸟类的栖息和觅食活动有着密切的关系。鸟类为了适应不同的生态环境，其趾型发生了较大的变异，这也是分类的重要依据。

(1)股部或大腿(thigh)

股部或大腿指腿部的最上端，上与躯干相接，常被覆羽毛。

(2)胫部或小腿(shank)

胫部或小腿位于股部之下，跗跖部之上，或被羽，或裸出。

(3)跗跖部(tarso-metatarsus)

跗跖部在胫部之下，脚趾的上端。

(4)鳞片(scale)

大多数鸟类的跗跖部都附生有鳞片，依其跗跖前缘鳞片的形状和排列方式可分为以下几类(图 2-6)：

①盾状鳞(scutellated)　鳞片呈方形，排列呈横鳞状，如山斑鸠(*Streptopelia orientalis*)、珠颈斑鸠(*Spilopelia chinensis*)。

②网状鳞(reticulated)　鳞片近圆形，排列呈网眼状，如普通翠鸟(*Alcedo atthis*)、白胸翡翠(*Halcyon smyrnensis*)。

③靴鳞(booted)　鳞片较大，呈整片状，如灰鹤(*Grus grus*)、黑颈鹤(*Grus nigricollis*)。

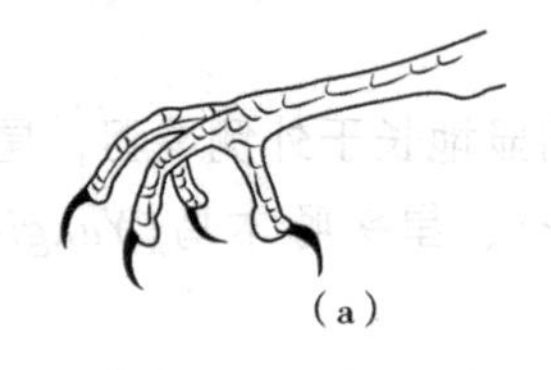
(a)

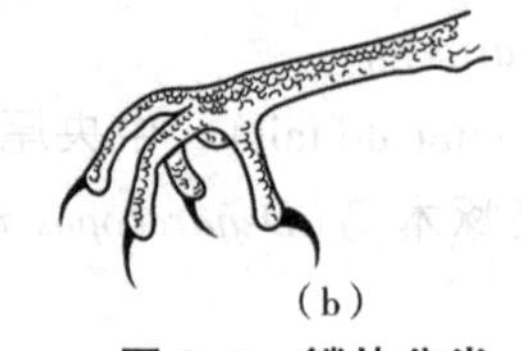
(b)

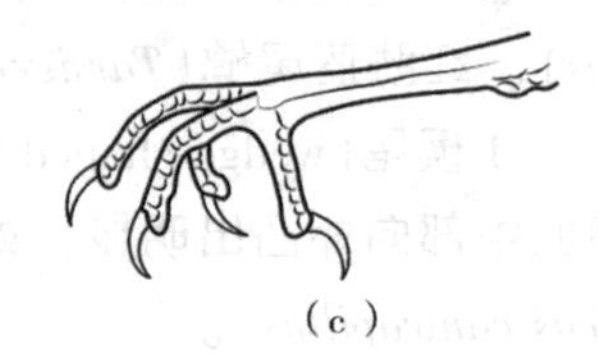
(c)

图 2-6　鳞片分类

(a)盾状鳞；(b)网状鳞；(c)靴鳞

(5)趾(toe)

鸟的脚趾通常有 4 趾，即外趾(outer toe)、中趾(middle toe)、内趾(inner toe)及后趾(hind toe)。

(6)趾型(foot)

鸟类脚趾的排列方式和形状，可分为以下类型(图 2-7)。

①常态足　又称不等趾型(anisodactylous foot)，4趾中3趾向前，1趾(后趾)向后，多数鸟类为该趾型，如麻雀、凤头鹰(*Accipiter trivirgatus*)。

②对趾型(zygodactylous foot)　第2~3趾向前，1~4趾向后，如大斑啄木鸟、星头啄木鸟。

③异趾型(heterodactylous foot)　第3~4趾向前，1~2趾向后，如红腹咬鹃(*Harpactes wardi*)、橙胸咬鹃(*Harpactes oreskios*)。

④并趾型(syndactylous foot)　趾型排列似常态足，但前3趾基部相并，如普通翠鸟、白胸翡翠。

⑤前趾型(pamprodactylous food)　4趾均向前方，如白腰雨燕(*Apus pacificus*)、小白腰雨燕(*Apus nipalensis*)。

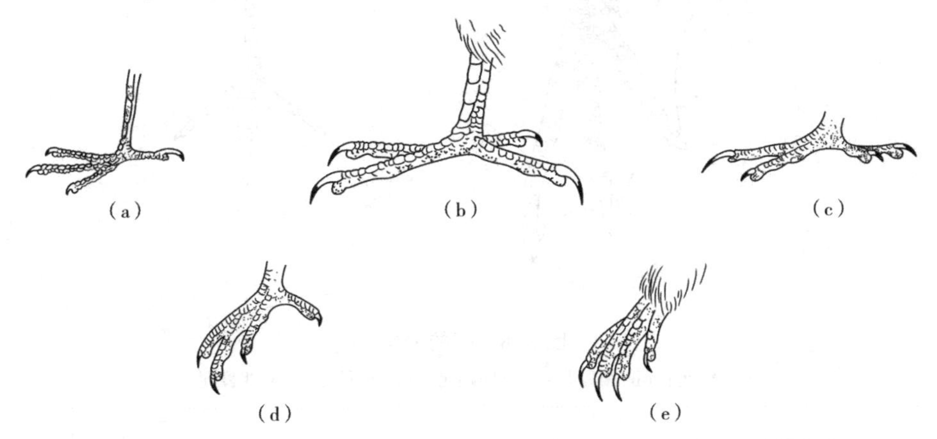

图2-7　趾型分类

(a)常态足(不等趾型)；(b)对趾型；(c)异趾型；(d)并趾型；(e)前趾型

(7)蹼(web)

游禽类和涉禽类的脚趾间常有蹼相连，依照蹼的结构可分为以下几种(图2-8)。

①蹼足(palmate foot；webbed foot)　前3趾间均有发达的蹼相连。

②瓣蹼足(lobed foot)　4趾分离，各趾的两侧都附有叶状的蹼膜，如紫水鸡(*Porphyrio poliocephalus*)、小䴙䴘(*Tachybaptus ruficollis*)。

③凹蹼足(incised palmate foot)　与蹼足相似，但蹼膜的中部常常凹入，不及蹼足发达，如红嘴鸥(*Chroicocephalus ridibundus*)、棕头鸥(*Chroicocephalus brunnicephalus*)。

④全蹼足(totipalmate foot)　4趾间均有发达的蹼相连着，如普通鸬鹚(*Phalacrocorax carbo*)、绿头鸭(*Anas platyrhynchos*)。

⑤半蹼足(semipalmate foot)　又称微蹼足，蹼膜大部分退化，仅在趾基部存留，如矶鹬(*Actitis hypoleucos*)、白腰草鹬(*Tringa ochropus*)。

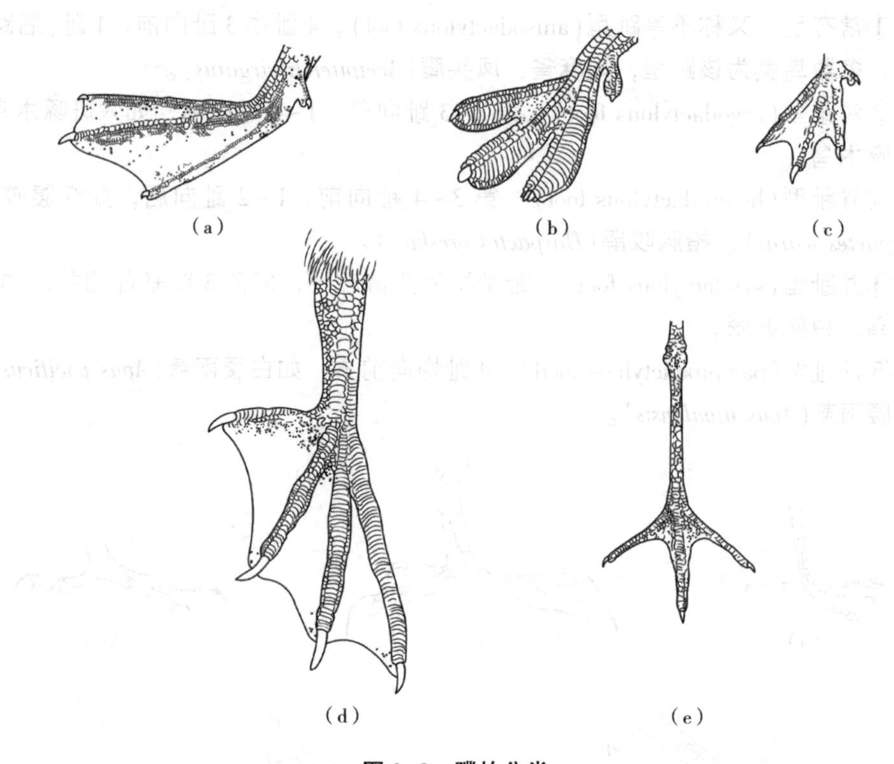

图 2-8 蹼的分类

(a)蹼足；(b)瓣蹼足；(c)凹蹼足；(d)全蹼足；(e)半蹼足

2.4.8 羽毛斑纹(图 2-9)

①点斑(spot) 羽毛上的小点状斑，如中华鹧鸪(*Francolinus pintadeanus*)、金鸻(*Pluvialis fulva*)。

②鳞斑(squamate) 斑纹呈外凸的弧形，排列似鱼鳞状，如山斑鸠(*Streptopelia orientalis*)、斑尾鹃鸠(*Macropygia unchall*)。

③横斑(bar) 与羽轴垂直的粗疏斑纹，如大杜鹃(*Cuculus canorus*)腹部的褐色斑纹。

④蠹状斑(vermiculation) 甚为细密的横斑，犹如小蠹虫在树皮下铸成的坑道，如雄性鸳鸯(*Aix galericulata*)胁部的细斑。

⑤块斑(patch) 面积大，常扩及若干枚羽毛，如绿翅鸭(*Anas crecca*)的翼镜。

⑥带斑(band) 扩及很多羽毛的条带状横斑，如戴胜(*Upupa epops*)的翼。

⑦端斑(terminal spot) 位于正羽末端的斑纹，如白尾梢虹雉(*Lophophorus sclateri*)尾羽末端白色端斑。

⑧次端斑(subterminal spot) 紧接端斑的斑纹，如紧挨着雄性白尾梢虹雉尾羽白色端斑的红色次端斑。

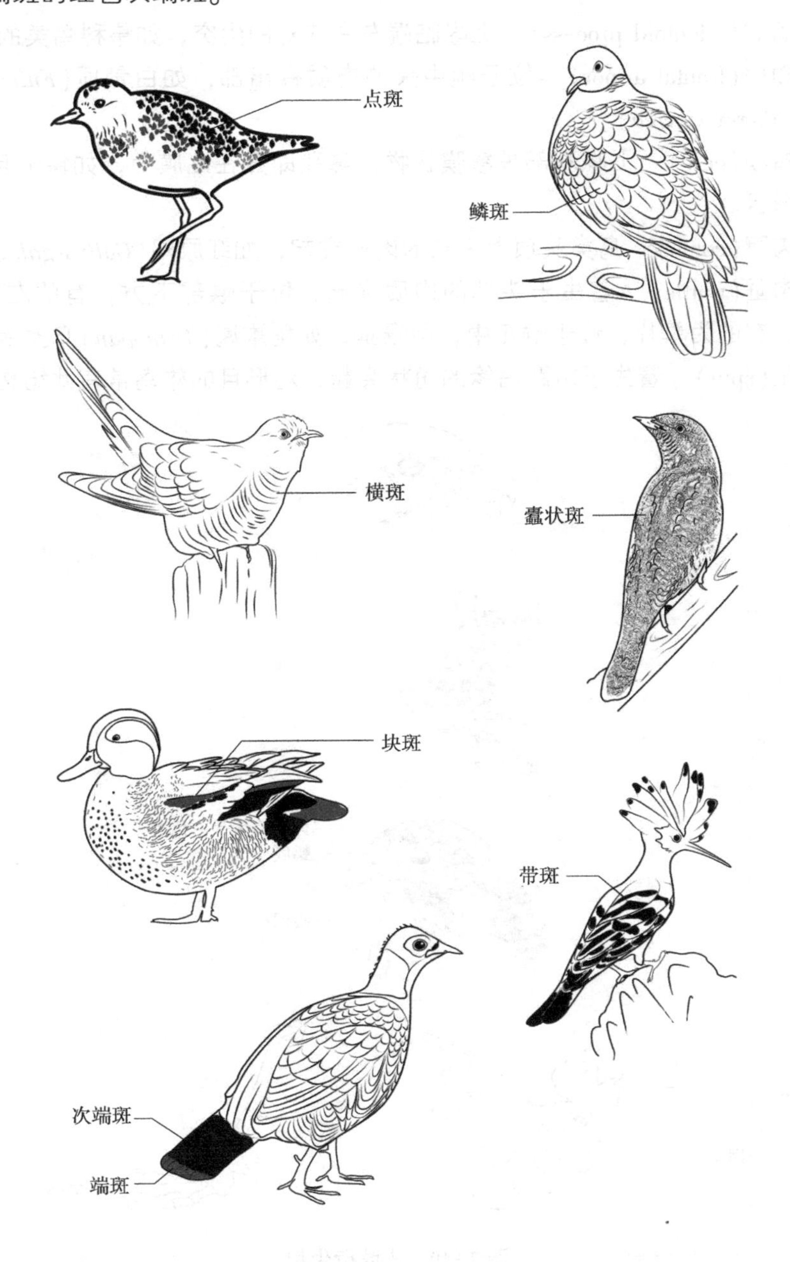

图 2-9 羽毛斑纹

2.4.9 皮肤衍生物(图 2-10)

①齿突(odontoid process) 上喙临端左右成对的尖突，如隼科鸟类的喙。

②额甲(frontal armor) 位于额中央的肉质裸出部，如白骨顶(*Fulica atra*)、董鸡(*Gallicrex cinerea*)。

③蜡膜(cere) 上喙基部被覆膜状物，鼻孔即开在此膜上，如隼形目、鸮形目和鹦形目。

④肉冠(comb) 鸟类头顶上生长的肉质突起，如红原鸡(*Gallus gallus*)。

⑤肉垂(wattle) 着生于头部的肉质突起，位于喉部下方，有的左右成对，如家鸡；有的为单片，位于喉正中，称喉垂，如角雉属(*Tragopan*)鸟类等。

⑥距(spur) 着生于跗跖后缘的角状突起，鸡形目的雄鸟常有此结构。

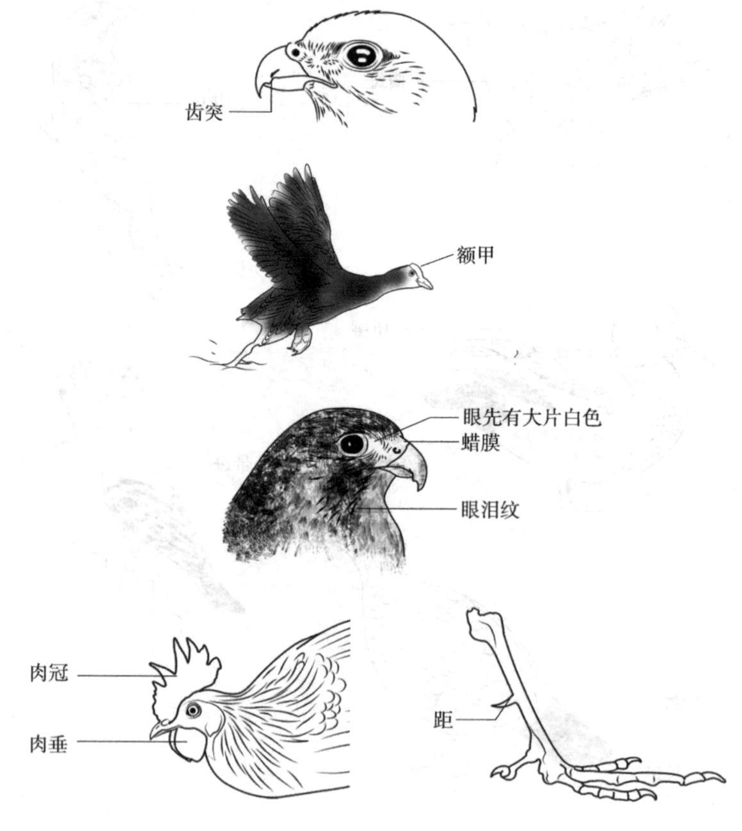

图 2-10 皮肤衍生物

2.5 实验作业

①按照上体、下体的顺序区分鸟类身体各部位名称，绘制一种标本的外部形态图，并标注各个部位的名称。

②找出几种不同生态类型的鸟类标本，绘制它们的翅型、尾型、(蹼)足型、跗跖骨鳞片及其他皮肤衍生物的形态图，并谈谈它们如何通过形态差异来适应不同的生存环境。

第3章 | 鸟类的形态度量与描述

3.1 实验目的

通过对几种不同生态类型鸟类外部形态的测量和描述，掌握鸟类体长、翅长等形态指标的测量和特征的描述方法，为鸟类识别和鉴定打下基础，进一步理解鸟类身体形态、结构与环境适应之间的关系。

3.2 实验内容

①学会鸟类的体重、体长、翅长、喙长、头喙长、跗跖长、爪长等各指标的测量方法。

②通过对鸟类外部形态的观察和数据的测量，使用专业术语描述出所观察鸟类的主要鉴别特征。

3.3 实验材料及工具

(1)实验材料

活体实验鸟类、鸟类标本。

(2)实验工具

尖镊子、探针、放大镜、PE手套、医用口罩。

3.4 实验方法及步骤

3.4.1 鸟类身体特征的测量

鸟类身体特征的测量包括以下几个指标(图3-1)。

①体重(body weight)　鸟类未经任何处理时的全重(限活体实验鸟类)。

②体长(body length)　鸟体自然仰卧，嘴端至尾端的直线距离。

③翼展长(wing span)　鸟类翅平展开，两个翼尖之间的直线距离。

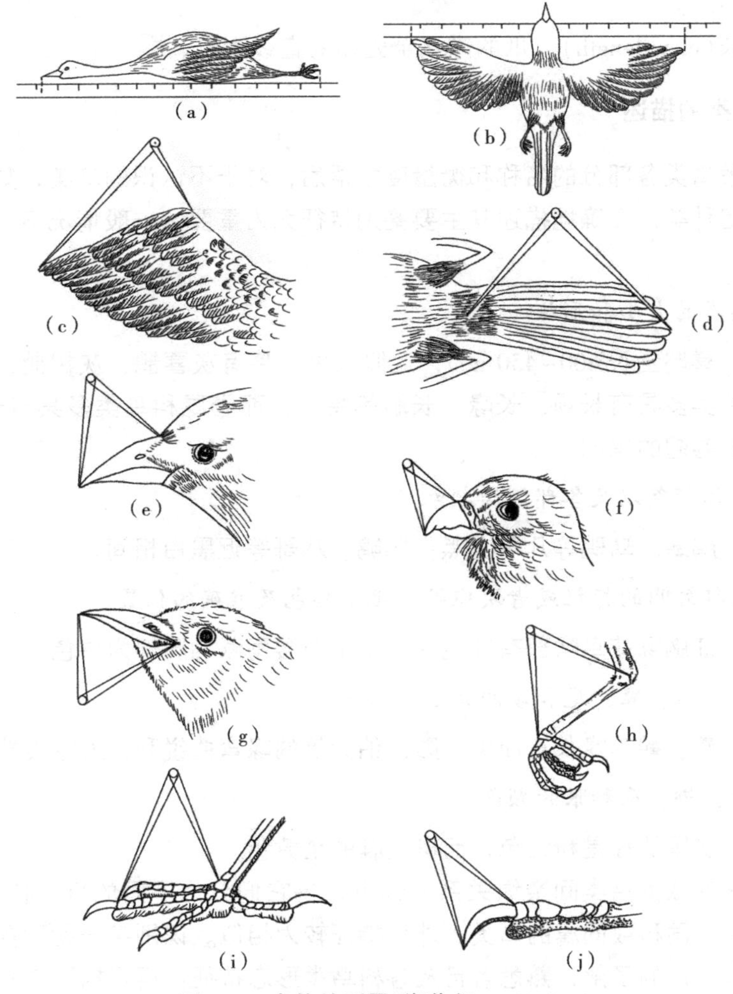

图 3-1 鸟体的测量(郑作新，2002)

(a)体长；(b)翼展长；(c)翅长；(d)尾长；(e)喙长；

(f)喙长(蜡膜除外)；(g)嘴裂长；(h)跗跖长；(i)趾长；(j)爪长

④翅长(wing length) 自翼角到翼尖的直线距离。

⑤尾长(tail length) 尾基至最长尾羽端的直线距离。

⑥喙长(bill length) 也称嘴峰长，自喙基部生羽处至上喙尖的直线距离，有蜡膜的种类，从蜡膜前缘量起。

⑦嘴裂长(gape length) 沿喙的侧面测量喙尖至口角的直线距离。

⑧跗跖长(tarsus length) 胫跗关节后面的凹处至跗跖最下端之整片鳞的下缘，或至中趾基的关节处。

⑨趾长(toe length) 自跗跖与中趾关节前缘最下方之整片鳞的下缘，至爪的

末端的直线距离。

⑩爪长(claw length)　爪的末端至先端的直线距离。

3.4.2　鸟类的描述

在熟悉鸟类各部分的名称和衡量度术语后，对于不认识的鸟类，如何借助图鉴快速确定种类，准确地描述其主要鉴别特征尤为重要，一般情况下，需要做到以下几点。

(1)鸟类的大小和形状

例如，喜鹊全长400~450 mm，近似大小的鸟有灰喜鹊、灰树鹊、红嘴蓝鹊等。鹭科鸟类多具有长颈、长喙、长腿等特点；而卷尾科鸟类多具有长而分叉、尾端略向上卷起的尾部。

(2)总体颜色以及各部位的颜色

例如，鸬鹚、乌鸦等几乎全黑；鹊鸲、八哥等近黑白相间。

(3)特征鲜明的标记或者块斑纹，记下颜色及准确的位置

例如，红胸啄花鸟喉部有红色块斑；小白腰雨燕的腰部为白色。

(4)喙、脚、翼、尾和颈的大小和形状

例如，鹤、鹳等喙长直而尖；雕、伯劳等的喙弯曲锐利，上喙尖端带钩。

(5)喙、脚、爪和眼的颜色

例如，灰雁的喙是粉红色，而斑头雁的是黄色。

鸟类学家依据鸟类间亲缘关系的远近，将它们分为不同的目、科、属、种。一般情况下，同科或同属的鸟类，外形特征较为相似。识别某一物种前，最好对鸟类分类有一定的了解，熟悉各目及各科鸟类形态特征；再根据形态特点推断它属于哪个科，利用图鉴查找核对就能缩小至相对小的范围，便于快速确定到物种。

3.5　实验作业

①观察几种不同生态类型的鸟类标本，测量它们的主要身体指标值。

②对去掉标签的鸟类标本进行准确描述和测量，然后利用工具书对标本进行目、科、属、种的鉴定。

第 4 章 | 鸟类羽毛的分布及显微结构观察

4.1 实验目的

了解鸟类羽毛(鸟羽)的不同类型、形态特征和生态功能的关系。通过对鸟类不同部位羽毛和其他皮肤衍生物形态结构的观察，认识鸟类不同形态的羽毛及着生部位，羽区和裸区在身体表面的分布位置。通过扫描电镜观察鸟类正羽、绒羽不同部位的显微物理结构，分析和总结正羽和绒羽的特征，比较不同分类阶元鸟类正羽、绒羽间的结构差异，思考鸟羽形态特征在鸟类物种鉴定和系统分类中的作用。

4.2 实验内容

①观察鸟羽的不同类型、着生位置，分析其生态功能。

②完成羽毛样本的采集和处理，用扫描电镜观察和拍照记录鸟类正羽、绒羽等微观物理结构。

③记录不同种类、不同部位鸟类正羽有钩羽小枝的小钩数量、纤毛对数、腹齿个数，无钩羽小枝的背刺个数和腹齿个数。计算绒羽羽小枝色素长度、节间长度、节直径和羽小枝直径，并描述节的形状。

4.3 实验材料及工具

(1)实验材料

鸡、鸭、家鸽等鸟类活体或标本，正羽、绒羽压膜片。

(2)实验工具

洗洁精、蒸馏水、乙醚、无水乙醇、眼科剪、显微镜、扫描电镜、双面导电胶纸、放大镜、吸水纸、擦镜纸、烧杯、吸管、镊子、载玻片、盖玻片、解剖针、解剖刀等。

4.4 实验方法及步骤

4.4.1 羽毛的分布

大部分鸟类体羽只着生在体表的一定区域内，称为羽区。各羽区之间不着生羽毛的地方称为裸区。羽区一般分为头区、脊背区、尾区、腹区、肩肱区、翼区、股区、胫区等(图4-1)。

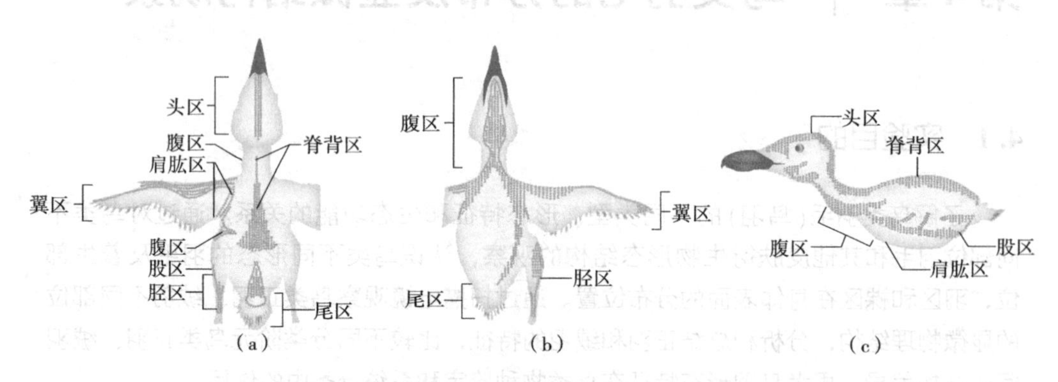

图 4-1　鸟类的羽区(仿 Gill and Prum，2019)

(a)背面图；(b)腹面图；(c)侧面图

鸟羽的形态多种多样，功能各异，根据形态特征和功能大致可分为正羽、绒羽、半绒羽、毛羽、须等5种类型。正羽包括飞羽、尾羽和体羽，覆盖于体表，由羽轴及其两侧的羽片构成，显微结构主要由有钩羽小枝和无钩羽小枝组成，羽小枝还存在羽小钩等。绒羽和半绒羽密生于正羽下方，呈蓬松状，如柔软的棉絮，绒羽微观结构主要由节状羽小枝组成(图4-2)。这3类鸟羽在鸟类体表分布最为普遍，对维持体温、保持体廓流线型及飞行运动等有重要作用。

4.4.2　鸟羽样本的处理

鸟羽采集时以不损坏标本、不致死活体为前提，通常采集鸟体正羽(翼上或者尾上覆羽)和两胁处的绒羽各3~4枚。鸟羽样品采集后用洗洁精清洗，蒸馏水漂洗数次，自然风干后备用。脱脂过程使用无水乙醇与乙醚(1∶1)的混合溶液，浸泡30~60 min，然后用无水乙醇清洗，自然风干后即可上样。

4.4.3　正羽显微结构观察

用眼科剪取样品中一枚正羽上、中、下不同部位的3枝羽枝，沿羽轴连根剪下，分别粘在双面导电胶纸上，然后固定在扫面电镜样品台上。在扫描电镜(如日立S-3400NⅡ型)下观察，每个羽枝取3~4个视野，用其自带软件进行拍照。观察并数出羽小枝上有钩羽小枝的小钩个数、纤毛对数、腹齿个数，以及无钩羽小枝的腹齿个数、背刺个数。

正羽羽枝一侧为有钩羽小枝，可观察到小钩、腹齿和成对的纤毛(图4-3)，

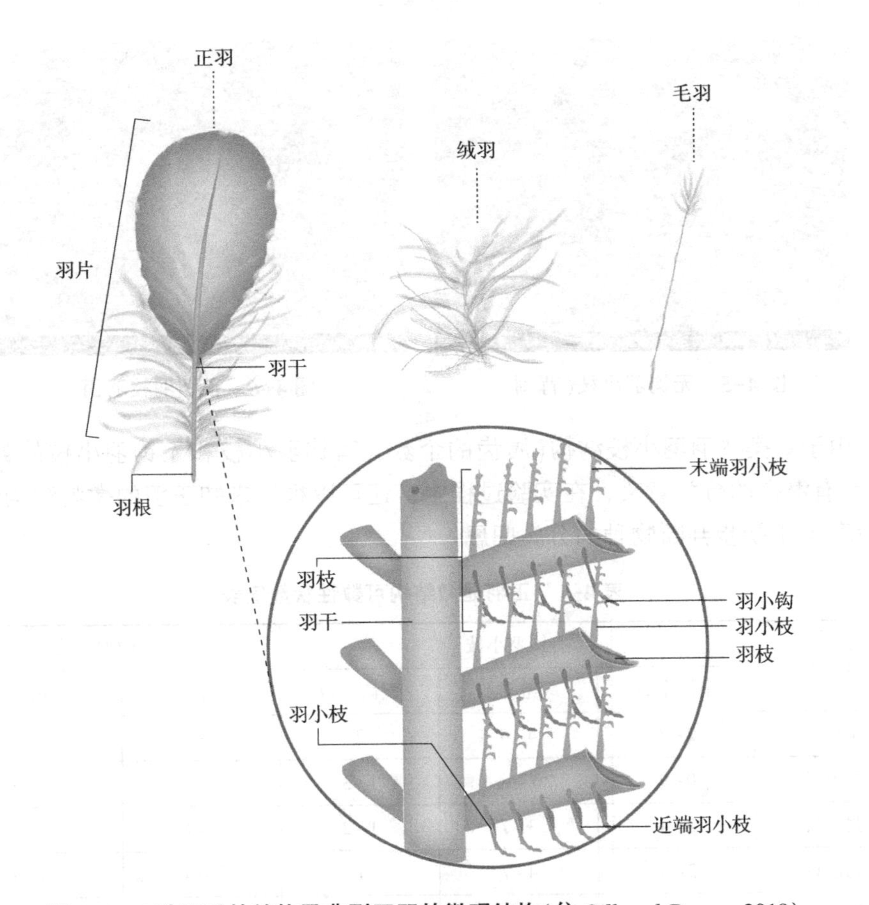

图 4-2　3 种羽毛的结构及典型正羽的微观结构(仿 Gill and Prum，2019)

羽枝的另一侧为无钩羽小枝，可观察到腹齿和背刺(图 4-4、图 4-5)。有钩羽小枝的小钩搭于无钩羽小枝的腹齿上，形成坚固的羽面(图 4-6)。

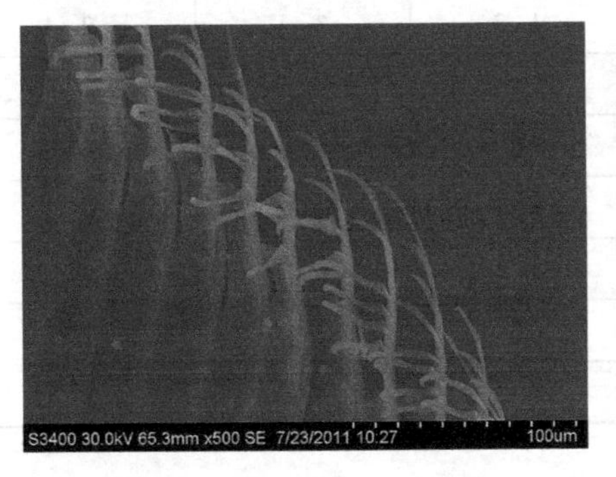

图 4-3　正羽有钩羽小枝

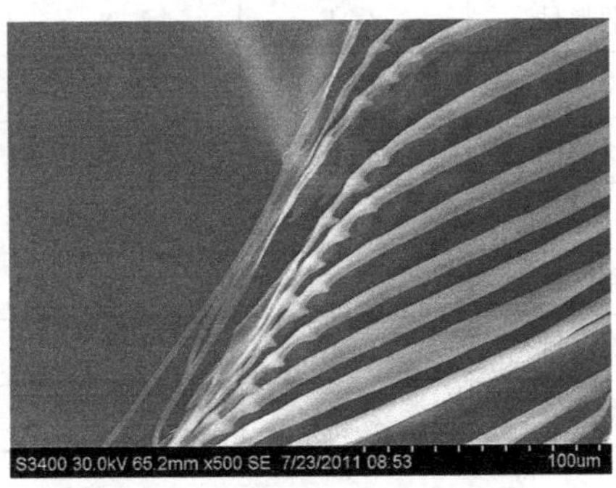

图 4-4　无钩羽小枝(腹齿)

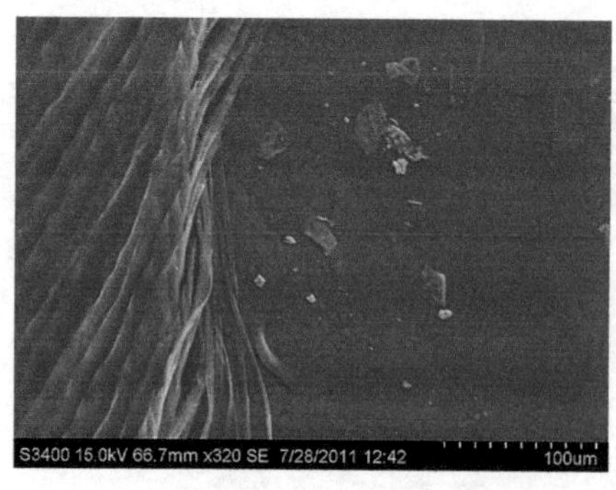

图 4-5　无钩羽小枝(背刺)

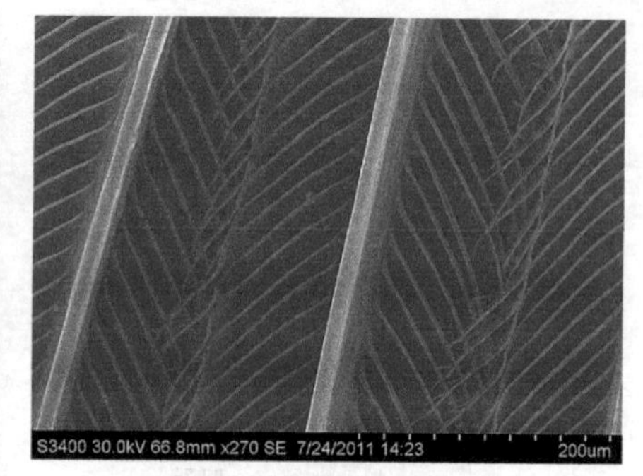

图 4-6　正羽羽枝羽面

由于鸟类飞羽羽小枝结构(腹齿的个数、有钩羽小枝和无钩羽小枝的数量特征)具有潜在的分类意义，在实验过程中，还可以根据未知正羽的微观结构特征，参考表 4-1 初步判断物种的分类归属。

表 4-1　正羽显微结构可数性状数值表

目　名	有钩羽小枝			无钩羽小枝	
	小钩个数	纤毛对数	腹齿个数	背刺个数	腹齿个数
隼形目	2~3	4~6	2	—	2~3
鹰形目	0~9	0~11	1~3	—	2~8
鸮形目	2~4	3~7	1~2	3~4	2
鸡形目	2~4	4~7	1	2~4	1~2
鸽形目	2~5	4~7	1~2	3~5	2~4
鹈形目	3~7	8~14	2~3	—	2~5
鹤形目	3~5	5~9	—	—	2~4
鹃形目	3~4	3~8	1~2	3~4	2~4
夜鹰目	3~7	2~4	1	2~3	1~5
咬鹃目	2~3	6~8	1	5~6	1
佛法僧目	2~4	3~5	1~2	2~3	1
犀鸟目	3	4	1	3	1
鹦形目	3~4	2~6	1	2~4	1~2
雀形目	2~4	2~8	1~2	2~5	1~3

4.4.4　绒羽显微结构观察

用眼科剪取样品中一枚绒羽上、中、下不同部位的 3 枝羽枝，沿羽轴连根剪下，放在双面导电胶纸上，压平，使绒羽完全粘在上面。然后固定在扫描电镜样台上。在扫描电镜(如日立 S-3400NⅡ型)下观察，每个羽枝取 4~5 个视野，取用其自带软件进行拍照，获得图片。用 Motic Images Advanced 3.2 软件对所得图片上绒羽羽小枝的节间长度、节直径、羽小枝直径和色素长度 4 项特征进行测量，每项指标测量 15 段特征清晰的结构，再根据放大倍数的不同，转换得到实际值(单位 μm)。

绒羽的羽轴较短，在其顶端发出细丝状的羽枝，羽枝为节状羽小枝，无羽小钩，不能相互扣合形成羽片，呈蓬松的绒状。绝大部分鸟类绒羽羽小枝均有明显的膨大节和节间特征。不同目鸟类绒羽羽小枝在节间长度、节直径、羽小枝直径及节的形态、色素分布等方面差异很大，部分鸟类绒羽各项参数测量值见表 4-2 所列。其中节间长度、节直径、羽小枝直径等指标在雀形目和非雀形目鸟类间差异较大。

表 4-2 部分鸟类绒羽各项参数测量值 μm

目名	物种中文名	学名	节间长度	节直径	羽小枝直径	色素长度
鹰形目	黑翅鸢	*Elanus caeruleus*	69.82±10.07	6.83±0.67	4.35±0.59	11.93±4.12
鸡形目	中华鹧鸪	*Francolinus pintadeanus*	49.58±6.52	7.20±0.54	5.02±0.50	12.30±4.26
	棕胸竹鸡	*Bambusicola fytchii*	52.28±3.99	7.48±1.29	5.17±0.49	10.51±3.70
	红腹锦鸡	*Chrysolophus pictus*	63.00±12.39	12.19±1.06	6.41±0.87	17.00±7.58
鸽形目	珠颈斑鸠	*Streptopelia chinensis*	47.23±5.62	6.94±1.54	3.64±0.55	8.22±2.59
	厚嘴绿鸠	*Treron curvirostra*	71.17±10.76	13.15±2.83	4.27±0.86	8.69±3.18
	针尾绿鸠	*Treron apicauda*	83.21±14.30	9.97±14.30	3.92±0.47	11.45±3.62
鹃形目	鹰鹃	*Cuculus varius*	79.13±13.44	14.27±2.66	5.83±1.07	9.45±3.66
	大杜鹃	*Cuculus canorus*	82.59±6.57	8.57±3.03	5.10±0.92	15.30±6.96
	绿嘴地鹃	*Phaenicophaeus tristis*	75.39±7.37	11.00±1.50	4.65±0.91	10.18±4.25
鸮形目	草鸮	*Tyto longimembris*	82.21±20.02	11.08±1.80	3.95±0.96	13.85±7.15
	斑头鸺鹠	*Glaucidium cuculoides*	45.93±2.81	7.49±0.81	3.42±0.85	15.80±4.76
夜鹰目	林夜鹰	*Caprimulgus affinis*	55.71±6.37	11.98±3.17	5.05±1.28	16.83±7.94
咬鹃目	红头咬鹃	*Harpactes erythrocephalus*	77.43±11.31	12.82±1.77	5.34±1.34	14.89±6.55
佛法僧目	普通翠鸟	*Alcedo atthis*	44.02±5.93	9.06±1.66	5.42±0.90	15.98±4.85
	栗喉蜂虎	*Merops philippinus*	46.15±6.43	9.16±1.37	5.36±0.89	14.45±4.65
犀鸟目	戴胜	*Upupa epops*	52.15±13.63	7.44±1.20	6.57±1.01	26.46±9.51

（续）

目名	物种中文名	学名	节间长度	节直径	羽小枝直径	色素长度
鴷形目	蓝喉拟啄木鸟	*Megalaima asiatica*	49.37±12.73	8.23±1.36	5.96±1.35	19.73±6.20
	星头啄木鸟	*Dendrocopos canicapillus*	51.63±3.03	9.66±1.00	6.62±1.33	21.49±6.41
雀形目	白鹡鸰	*Motacilla alba*	35.62±2.09	8.13±0.98	5.10±1.01	11.25±3.63
	树鹨	*Anthus hodgsoni*	35.81±1.84	5.44±0.61	3.92±0.66	12.81±4.00
	短嘴山椒鸟	*Pericrocotus brevirostris*	24.57±3.59	7.03±0.47	4.58±0.53	11.99±3.39
	白头鹎	*Pycnonotus sinensis*	28.69±3.44	6.59±0.88	3.59±0.87	13.85±4.26
	西南橙腹叶鹎	*Chloropsis hardwickii*	36.99±4.84	7.73±1.27	4.56±0.49	9.92±3.37
	棕背伯劳	*Lanius schach*	41.25±4.52	8.27±1.01	4.76±0.78	10.04±2.90
	黑卷尾	*Dicrurus macrocercus*	42.32±4.25	7.93±1.20	4.16±0.54	8.28±2.52
	山蓝仙鹟	*Cyornis banyumas*	30.87±2.31	7.25±1.11	4.32±0.87	9.53±2.86
雀形目	方尾鹟	*Culicicapa ceylonensis*	33.18±2.61	3.97±0.55	2.45±0.48	12.87±3.85
	云南雀鹛	*Alcippe fratercula*	29.78±3.42	5.88±0.51	3.76±0.46	13.64±4.02
	棕头鸦雀	*Paradoxornis webbianus*	26.78±3.54	6.75±0.96	4.53±0.83	11.80±3.43
	黄眉柳莺	*Phylloscopus inornatus*	26.28±1.82	6.26±1.02	3.70±0.93	11.17±3.40
	红头长尾山雀	*Aegithalos concinnus*	22.72±2.61	7.23±0.74	4.12±0.41	10.78±3.30
	蓝喉太阳鸟	*Aethopyga gouldiae*	27.52±4.63	4.45±0.81	4.05±0.63	11.95±0.47
	黄腰太阳鸟	*Aethopyga siparaja*	26.71±3.79	5.98±0.75	3.60±0.54	10.40±3.17
	麻雀	*Passer montanus*	35.44±2.58	6.65±1.26	4.45±0.71	11.64±3.85
	黄喉鹀	*Emberiza elegans*	34.99±4.13	6.87±0.70	4.17±0.83	11.48±3.57

绒羽羽小枝上节的形状因种而异，依据节的近、远端形状和长宽比归纳出4种常见的典型形状：

①三角形（图4-7）　节近端窄、远端宽，且节的长度与宽度大致相当，似倒等边三角形，如黑翅鸢、中华鹧鸪、棕胸竹鸡、白腹锦鸡、戴胜、白鹡鸰、棕头鸦雀、草鸮、西南橙腹叶鹎、山蓝仙鹟等。

②半月形（图4-8）　节的近端有弧度而远端平直，宽度明显长于长度，形似半月，如珠颈斑鸠、厚嘴绿鸠、针尾绿鸠等。

③竹节形(图4-9) 节近端略窄于远端，且长度大于宽度，似竹节状，如棕背伯劳、黑卷尾、蓝喉太阳鸟、麻雀、黄喉鹀、白头鹎、树鹨、方尾鹟等。

④椭圆形(图4-10) 节的近端和远端几乎对称，节的长度大于宽度，呈光滑的长椭圆状，如斑头鸺鹠、蓝喉拟啄木鸟、云南雀鹛、红头长尾山雀、黄眉柳莺、短嘴山椒鸟等。

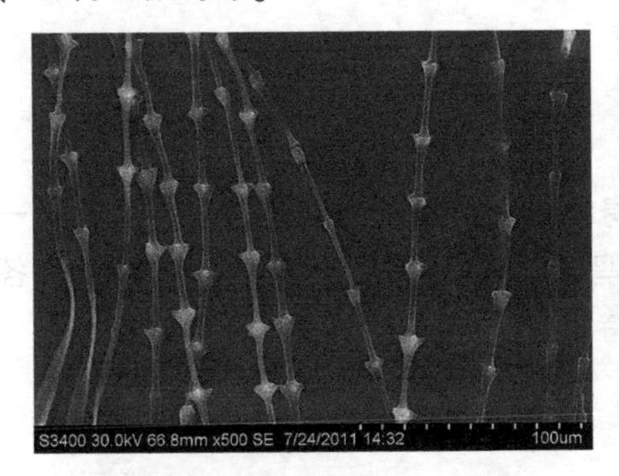

图4-7 山蓝仙鹟的节(三角形)

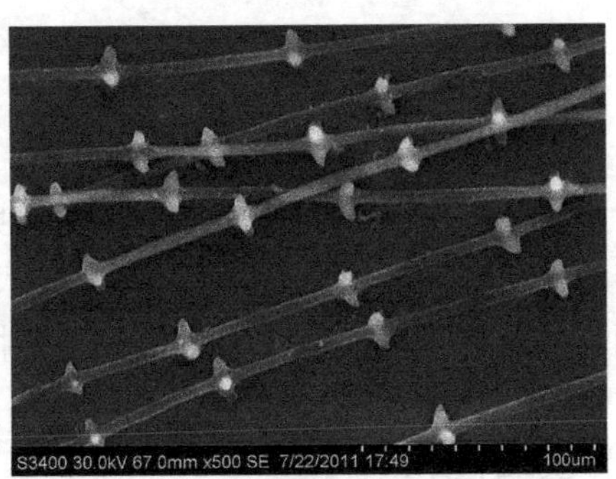

图4-8 厚嘴绿鸠的节(半月形)

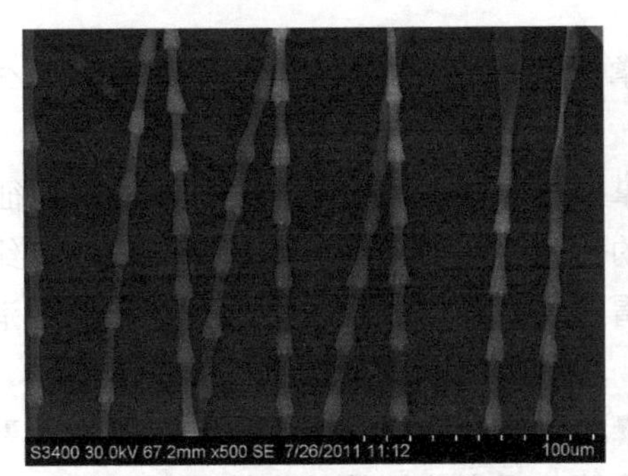

图4-9 黄喉鹀的节(竹节形)

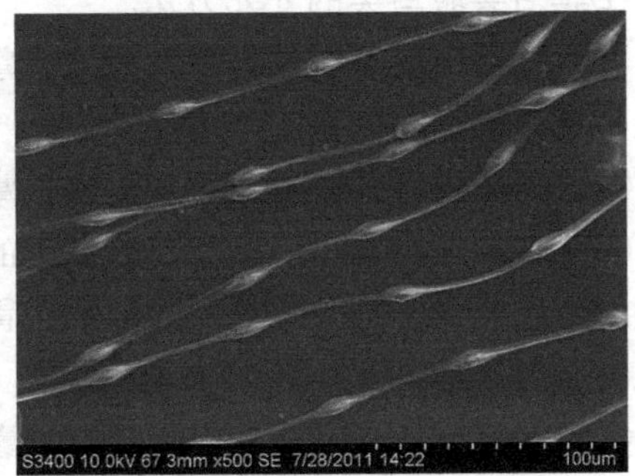

图4-10 斑头鸺鹠的节(椭圆形)

4.5 实验作业

①根据你的观察，绘制实验中3~5种鸟类正羽、绒羽的显微结构图，并测量样本绒羽的节间长度、节直径、羽小枝直径和色素长度。

②根据实验材料，比较不同目之间正羽、绒羽显微结构的异同。

③试着对未知名鸟类正羽和绒羽的显微结构进行观察和测量分析，确定其分类地位。

第5章　鸟类的解剖及内部结构观察

5.1　实验目的

为了适应飞行的生理功能，鸟类的身体结构在漫长的演化过程中形成了一系列特征。学习鸟类解剖的方法，通过对鸟类(家鸡)的解剖观察，掌握鸟类各系统的基本结构及其适应飞行生活的主要特征。

5.2　实验内容

①学习实验鸟类的处死方法。

②对鸟类肌肉系统进行解剖观察，掌握鸟类各部位肌肉类群的特点，着生位置及与各种运动的关系。

③对鸟类骨骼系统进行解剖观察，掌握各部位骨骼位置、名称和愈合特征。

④从鸟喙开始，小心剖离实验鸟类的消化管和消化腺，了解消化系统各组织器官的着生位置。剖开嗉囊、腺胃和肌胃，观察其构造，思考鸟类具有较强消化功能的原因。

⑤解剖找到鸟类喉、气管、肺、气囊和鸣管等呼吸和发声器官的位置，熟悉鸟类双重呼吸的工作原理。剖开鸟类的鸣管，观察鸣管的基本结构并了解各部位名称。

⑥解剖找到实验鸟类的肾脏、输尿管和泄殖腔的准确位置。剪开泄殖腔，观察泄殖腔的内部构造。

⑦根据实验标本的性别，找到雄性的睾丸、输精管和雌性的卵巢、输卵管及输尿管的位置，观察泌尿、生殖系统的基本结构，熟悉各部位名称。

⑧剖离实验鸟类的心脏、主要的动脉和静脉及淋巴系统，了解循环系统各组织器官的着生位置。剖开心脏，观察其基本构造，找到鸟类特有的心脏瓣膜。

⑨剖开鸟类的头骨，观察脑的基本结构及各部位名称，进一步理清脑神经的起点、结构组成及特征。

⑩熟练掌握解剖技术，提高对微细结构解剖的能力。

5.3　实验材料及工具

(1) 实验材料

活体家鸡、家鸽等实验动物(本节以家鸡为例)。

(2) 实验工具及药品

解剖盘、骨剪、剪刀、镊子、解剖盘、卡钳、直尺、游标卡尺、双连球、玻璃管、棉球、乙醇、乙醚等。

5.4　实验方法及步骤

5.4.1　家鸡处死方法

(1) 窒息法

右手捏住翅膀下的软肋部固定胸廓，左手将头部浸入水中或用绳扎住颈部使其窒息而亡。

(2) 空气注射法

选择肘关节处拔毛使翅静脉易观察，将针插入静脉血管中，注射大量空气，迅速形成气栓导致死亡。

(3) 麻醉法

实验前 10~20 min，将酒精棉球紧紧地贴放在鼻孔处，或将实验动物放进装有乙醚的麻醉器内，使其麻醉、窒息死亡。

5.4.2　肌肉系统

(1) 肌肉类型

①平滑肌　指位于消化、呼吸、循环、泌尿生殖系统的管壁，以及节制皮肤、羽毛、瞳孔等运动的肌肉。

②骨骼肌　借肌腱或筋膜与骨骼(少数与皮肤)联结，大多通过肌纤维收缩而完成杠杆运动。

③心肌　位于心脏处，也是一种横纹肌，但在结构和功能上与骨骼肌不同。心肌肌纤维有分支与相邻细胞相连接，使心脏产生整体运动。

(2) 肌肉组织的观察

沿着龙骨凸起切开皮肤，切口前至嘴基，后至泄殖腔。用解剖刀钝端分开皮肤，当剥离至嗉囊处时要特别小心，以免造成破损。剖开全部皮肤后，显露出主要肌肉组织，如图 5-1 所示。然后沿着龙骨的两侧及叉骨的边缘，小心切开胸大肌，留下肱骨上端肌肉的止点处，下面露出的肌肉是胸小肌(也称上喙肌)，然后牵动和观察这些肌肉，了解其功能。

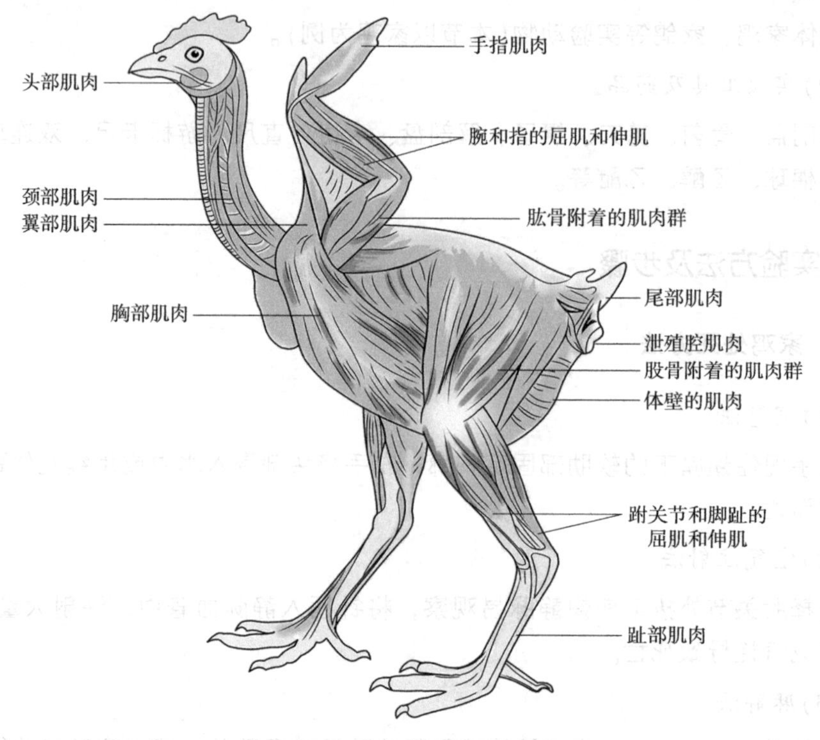

图 5-1　家鸡主要肌肉组织(仿 Konig et al.，2016)

①胸肌　为鸟类最显著的飞翔肌肉，节制翅的上、下运动，其横截面如图 5-2 所示。由浅层的胸大肌和深层的胸小肌构成。胸大肌起于胸骨的龙骨突及叉骨、乌喙骨间的腱膜，止于肢骨背棱，能下拉肱骨以产生扇翅动作。胸小肌起于龙骨突起，借一长肌腱自肩带的三骨孔穿过，止于肱骨近端外转子，能上抬肢骨以产生扬翅动作。胸大肌与胸小肌作为一对拮抗肌却具有同一起点，是鸟类肌肉系统对飞翔生活的特化适应。

②翅肌　鸟翅运动主要是在一个平面上的伸、屈运动，引起展翅和折翅；同时，通过翅尖的细运动以及飞羽的配合，得以巧妙地利用气流升空和飞翔。其中，与伸、屈翅有关的主肌肉有胸大肌、背阔肌、三角肌等；支配肘关节运动的有肱三头肌等；屈伸手部骨骼的有桡侧长伸肌、指总伸肌、屈指浅肌和屈指深肌等；控制翅尖微细运动的有拇展肌、拇屈肌、背骨间肌和腹骨间肌等(图 5-3、图 5-4)。

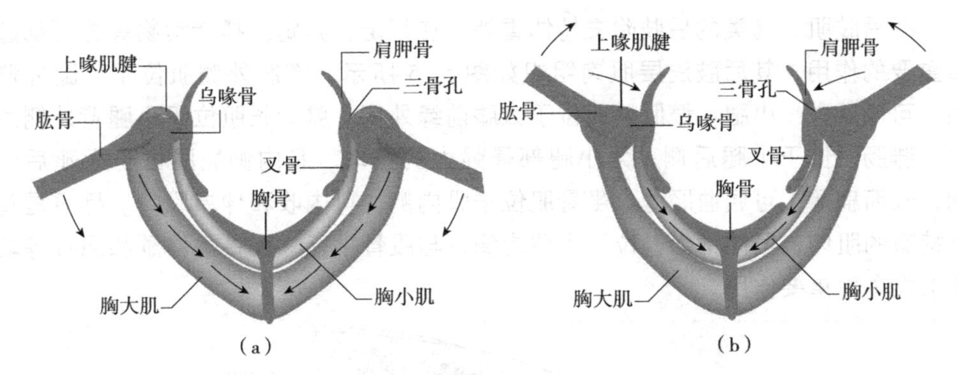

图 5-2 鸟类胸肌的横截面(仿 Gill and Prum，2019)

(a)折翅过程中，胸大肌收缩，将肱骨向下拉(箭头所示)；

(b)展翅过程中，胸小肌收缩，将肱骨向上拉(箭头所示)

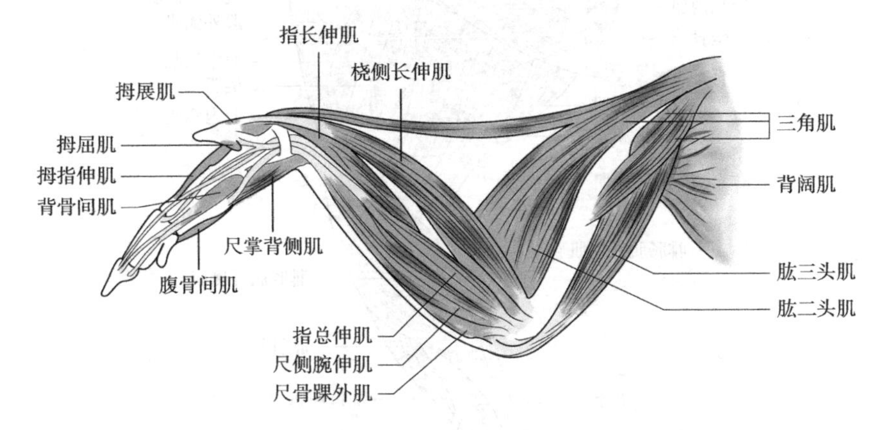

图 5-3 鸟类左翅肌肉背视图(仿 Konig et al.，2016)

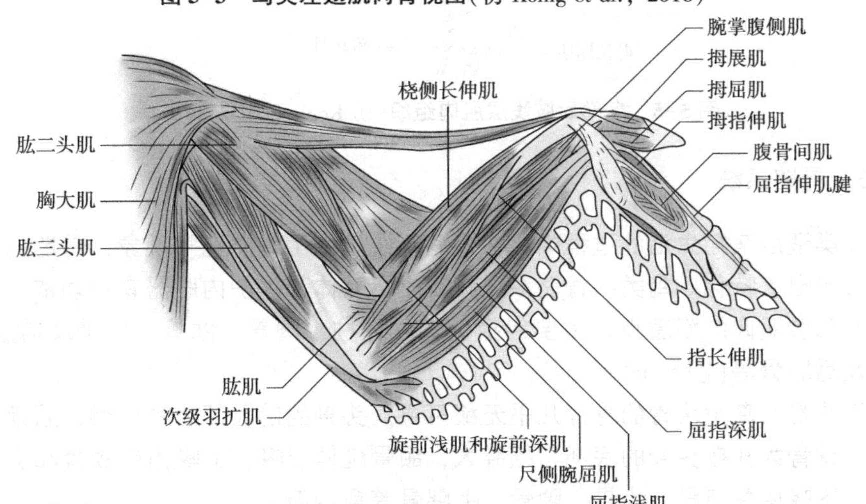

图 5-4 鸟类左翅肌肉腹视图(仿 Konig et al.，2016)

③后肢肌　鸟类的后肢除支持体重外，在行走、奔跑、抓持食物等方面都起着重要的作用，其后肢浅层肌肉组织如图 5-5 所示。髋胫外侧肌位于大腿外侧面，可伸展大、小腿；髋胫前肌位于大腿前缘外侧；腓骨长肌位于小腿背外侧浅层；腓肠肌位于小腿后侧，为小腿部最强大的肌肉。股内侧屈肌位于大腿后内侧，长而扁薄，可屈曲胫骨。坐骨肌位于股内侧，可内收和伸展股骨。栖肌是鸟类特有的肌肉，呈纺锤形，位于大腿内侧，与股骨平行，在鸟类停歇和屈趾等功能上发挥着重要作用。

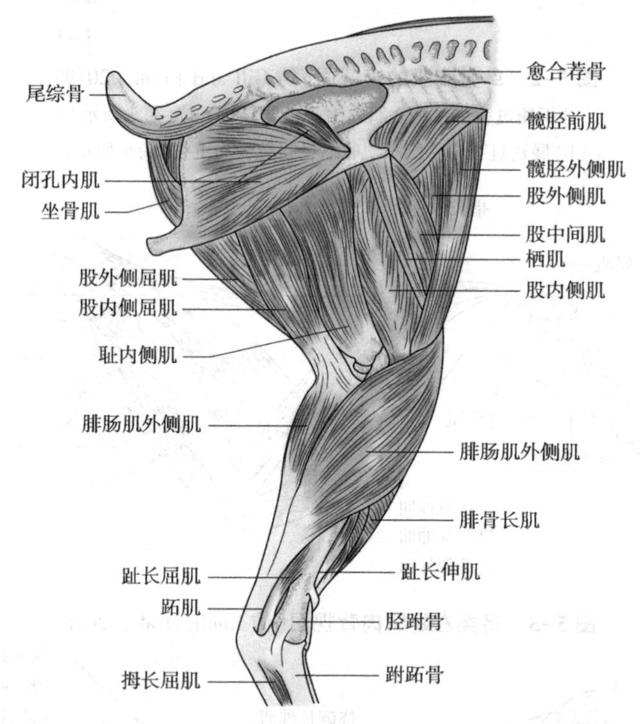

图 5-5　鸟类后肢浅层肌肉组织(仿 Konig et al.，2016)

5.4.3　骨骼系统

鸟类适应飞翔生活的过程中，在骨骼系统产生了骨骼充气现象，骨骼的愈合和变形等显著特化。鸟类的骨骼系统具有支持躯体和保护内脏器官的功能，也是躯干及四肢肌肉的附着点，主要包括头骨、脊柱、胸骨、肋骨、肩带及前肢骨、腰带及后肢骨等(图 5-6)。

①头骨　鸟类头骨的骨片几乎无缝可寻。头骨的前面部为颜面部，后部为枕顶部。枕骨大孔在头骨的底部，颅腔大，颌骨延伸成喙，上喙由前颌骨和上颌骨构成，下喙由关节骨、齿骨、隅骨、上隅骨等愈合而成。

②脊柱　可分为颈椎、胸椎、腰椎、荐椎和尾椎 5 部分，其中一部分胸椎、

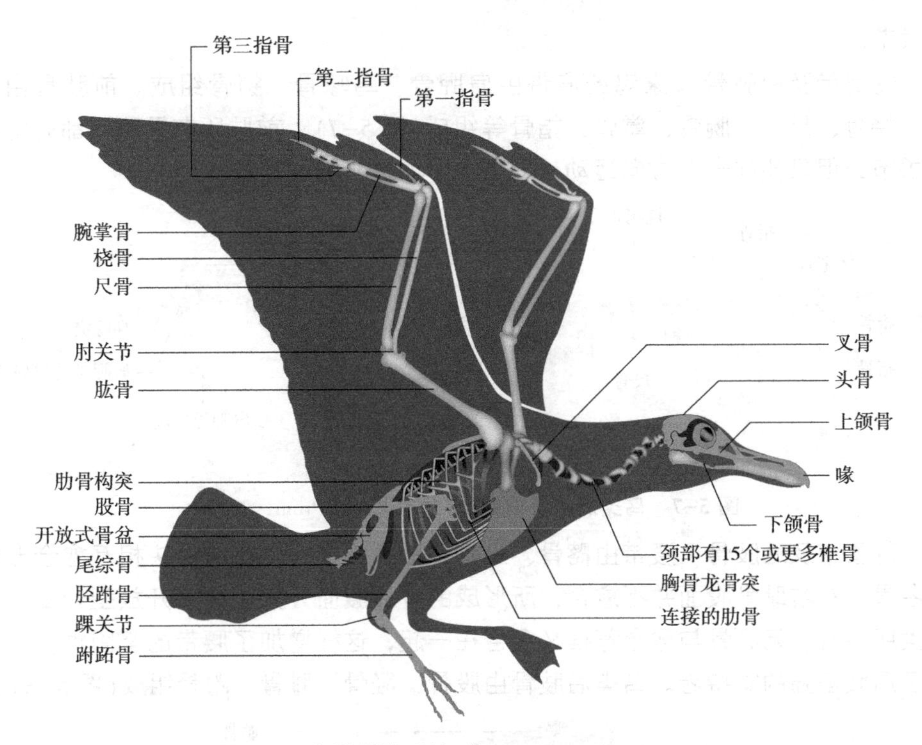

图 5-6　鸟类骨骼系统(仿 Gill and Prum，2019)

全部腰椎和荐椎及前部分尾椎形成愈合荐椎，也称综荐骨，为鸟类所特有(注意：愈合荐椎不是真正的荐椎)。

a. 颈椎：数目变化很大，由小型鸟类的 8 枚至天鹅的 25 枚不等，家鸽为 14 枚。其中，第 1 颈椎称为寰椎，第 2 颈椎为枢椎，是 2 枚特化的颈椎，其他颈椎的椎体呈马鞍型，即椎体的水平切面为前凹型，矢状切面为后凹型，故也称异凹型椎体。这种椎体可使颈部关节活动性大，弯曲自如。椎体的背面具椎弓和棘突，两侧有横突。最后两枚颈椎上附着 1 对游离的肋骨，但并不连于胸骨。

b. 胸椎：最大特点是各胸椎彼此愈合。另外，最后 1 个胸椎与腰椎和荐椎愈合在一起。

c. 荐椎：荐椎(2 个)与其他部分脊椎骨形成愈合荐椎。

d. 尾椎：中间部分游离，后面的尾椎愈合成尾综骨，为尾羽的支持物。

③胸骨　家鸡的胸骨很发达，为一个宽大的骨片，呈扁平状。胸骨有三角形片状突起，叫龙骨突。此突起增加了强大胸肌的附着面积。在胸椎的两侧各附着有 1 条肋骨伸至胸骨，并与其形成可动关节。生活时由于肌肉的收缩，胸骨能接近或远离脊椎，使胸廓扩大或缩小，以增强呼吸动作。

④肋骨　由背侧的椎肋和腹侧的胸肋构成，二者之间有可动的关节。椎肋为双头肋骨，一头为肋骨头，与胸椎椎体作关节；另一头为肋骨结节，与胸椎横突

作关节。

⑤肩带及前肢骨　家鸡的肩带由肩胛骨、乌喙骨、锁骨组成。前肢骨由肱骨、桡骨、尺骨、腕骨、掌骨、指骨等组成(图5-7)。前肢所有骨骼间都有能动的关节，但只能向一个方向运动，即在水平面上折翼和展翼。

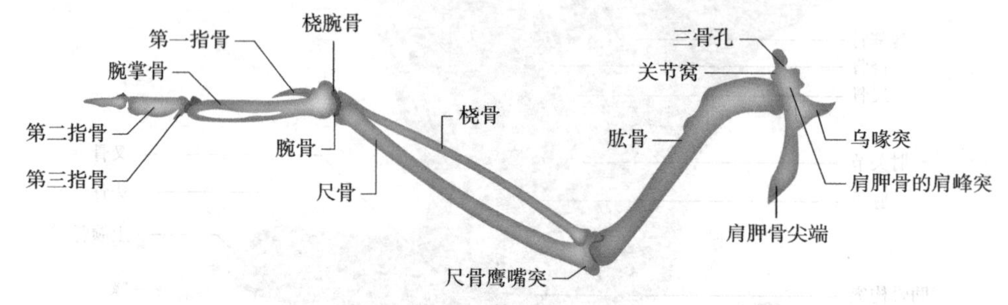

图5-7　鸟类肩带及前肢骨(仿 Gill and Prum，2019)

⑥腰带及后肢骨　腰带由髂骨、坐骨和耻骨组成。这3块骨头相互愈合形成无名骨，左右耻骨腹面并不愈合，所形成的骨盆腹面分开，称为开放型骨盆，为鸟类所特有。无名骨与愈合荐椎又愈合在一起，这样增加了腰带的坚固性，而且成了后肢坚强的支持者。鸟类后肢骨由股骨、胫骨、腓骨、跗骨组成(图5-8)。

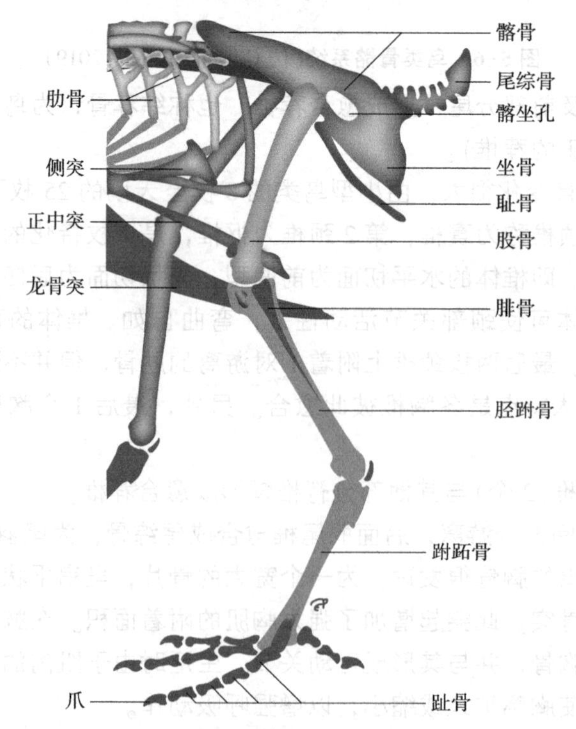

图5-8　鸟类腰带及后肢骨(仿 Konig et al.，2016)

5.4.4 内脏解剖观察

鸟类的内脏包括消化系统、呼吸系统、泌尿系统、生殖系统、循环系统及神经系统，以家鸡为例，其内脏结构如图 5-9 所示。

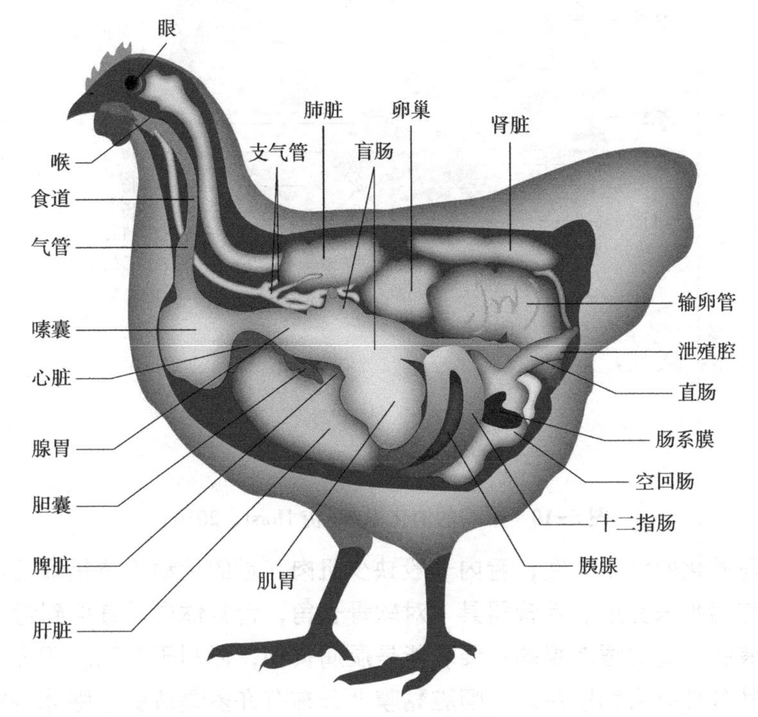

图 5-9 家鸡内脏结构

(1) 消化系统

消化系统包括消化管和消化腺。消化管由口、口腔、咽、食管、嗉囊、胃、小肠、大肠等部分构成。消化腺由肝脏和胰腺构成(图 5-10)。鸟类消化系统的特点是消化能力强、消化过程迅速，食量大，对食物的利用率高。消化系统的某些器官还有解毒、抵御微生物侵害的功能。

①喙 鸟类的上、下颌骨及鼻骨显著前伸，其外套由致密的角质上皮所构成的喙，构成鸟类的取食器官。现代鸟类均无牙齿，一些鸟类的喙在两性间有所不同。

②口咽腔 鸟类由于缺少软腭，口腔后部与咽之间没有明显的分界，此共同的腔称为口咽腔。口咽腔的顶壁由硬腭构成，中央留有一狭长的裂隙，称为腭缝，内鼻孔即开口于此缝中。在腭缝后方的顶壁中央有一短而狭窄的裂隙，为左咽鼓管汇合后的共同开口。

③舌 口咽腔底部有舌。鸟类的舌为狭长的三角形，上皮增厚并角质化，舌

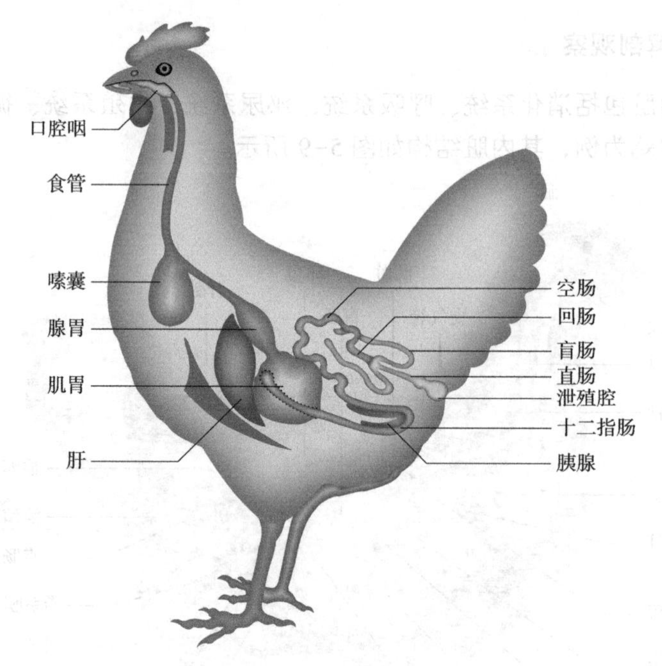

图 5-10　家鸡的消化系统(仿 Horst，2016)

面上密布角质化的纤小乳突，舌内一般缺少肌肉。舌的运动主要是靠舌器上所附着的伸肌与缩肌来完成。舌骨器具 1 对软骨长角，舌骨体向前直伸到舌内。

④唾液腺　鸟类唾液腺的主要功能是湿润食物，以利于吞咽。因而唾液腺发达与否与其食性有密切联系。口咽腔黏膜上分布有许多唾液腺，腺体的构造与食管腺相似，具有分泌黏液的功能。黏液细胞为柱状，通过导管开口于口咽腔的硬腭及其他部位。

⑤咽部　是食物与呼吸空气交叉的通道，其背面有自硬腭伸出的皱褶覆盖内鼻孔和咽鼓管孔，底部有咽喉褶围绕喉门，以保证吞咽时食物不误入气管和鼻腔。

⑥食管　家鸡的食管自咽经颈部的右侧下行，进入胸腔，止于胃的腺体部。许多鸟类在食管的中部或下部具有一个能与食管区分开的膨胀部，即嗉囊(crop)。

⑦胃　家鸡的胃分为腺胃和肌胃两部分。腺胃又称前胃，是一个纺锤形的结构，在外观上与食管没有明显的分界，内部含有丰富的消化腺。肌胃又称砂囊，呈卵圆形，中央较厚而边缘较薄，紧接腺胃，位于肝脏内叶后缘。肌胃壁厚硬，含丰富的辐射状排列的肌肉，内壁覆有黄绿色坚硬的角质膜。肌胃内含沙粒，肌肉舒缩活动有助于磨碎食物，代替失去的牙齿的作用。

⑧肠

a. 小肠：家鸡的小肠分为十二指肠、空肠和回肠 3 部分。十二指肠自肌胃末端起始，呈狭窄的“U”形弯曲。空肠和回肠之间没有明显的分界，两部分在组织学上与十二指肠无差别，都借肠系膜附于背侧体壁。

b. 大肠：家鸡的大肠分为盲肠和直肠。盲肠是一对盲管，为小肠与直肠连接处的一对肠道突起。直肠是从回盲肠连接处一直延伸到泄殖腔的一段肠道。

c. 泄殖腔：直肠的末端通入膨大的泄殖腔。泄殖腔是排粪、排尿及生殖的公共通道，被其内的环形嵴分成 3 个界限分明的部分，即粪道、泄殖道和肛道。粪道接受来自消化系统的排出物；输卵管或输精管及输尿管开口于泄殖道；肛道是泄殖腔的最后部分，其开口于体外的泄殖腔孔，由强大的括约肌所控制。

⑨肝　是体内的最大腺体，红褐色，位于心脏后方，分为左、右两叶，右叶背面有一深凹陷，此处伸出两条胆管，分别通入十二指肠的起始部和升部中间。由于来自卵黄的类脂物色素在孵化后期浸染到肝导致雏鸟肝为黄色，在孵化后的 15 d 左右，肝颜色转变成红褐色。

⑩胰　位于十二指肠袢间的肠系膜上，为细长的分叶腺体，有背叶、腹叶和脾叶之分。分泌物质由 2~3 条胰管通入十二指肠。

(2)呼吸系统

鸟类的呼吸系统结构、呼吸机制以及发声器官与其他脊椎动物有明显不同，有很多特化结构。

①外鼻孔　开口于上喙。

②内鼻孔　位于口腔顶部中央的纵走的沟内。

③喉　舌根基部、中央纵裂为喉门。

④气管　位于颈部腹面皮肤下，由完整的软骨环组成，各环由纤维结缔组织联结。气管分出两个短的支气管到肺。气管和支气管分叉处，有一处膨大的腔，即鸣管，为鸟类的发声器官(图 5-11)。

⑤气囊　是鸟类特有的结构，辅助呼吸系统，遍布于体腔的内脏之间，其分支还进入翅和腿的骨骼甚至颈椎和胸骨及胸肌之间。

⑥肺　位于心脏背面，紧贴在胸腔背壁及脊椎两侧，是结构紧密、相对弹性较小、高度血管化的器官。

(3)泌尿系统

鸟类的泌尿系统由肾、输尿管和泄殖腔组成，图 5-12 为家鸡的泌尿生殖系统。泌尿系统的主要功能是通过不断地将体内的多余水分和离子排出体外，保持体液渗透压的动态平衡。一些鸟类具有发达的盐腺(特别是海洋鸟类)，能将体内多余的盐分排出，属于肾外排泄。绝大多数的鸟类不具有膀胱，这与其排泄的产物有关，同时还可以减轻体重，以利于飞翔生活。

①肾　将腹腔内的消化管移出，可见腰部脊柱两侧紫褐色的肾，肾有一对，

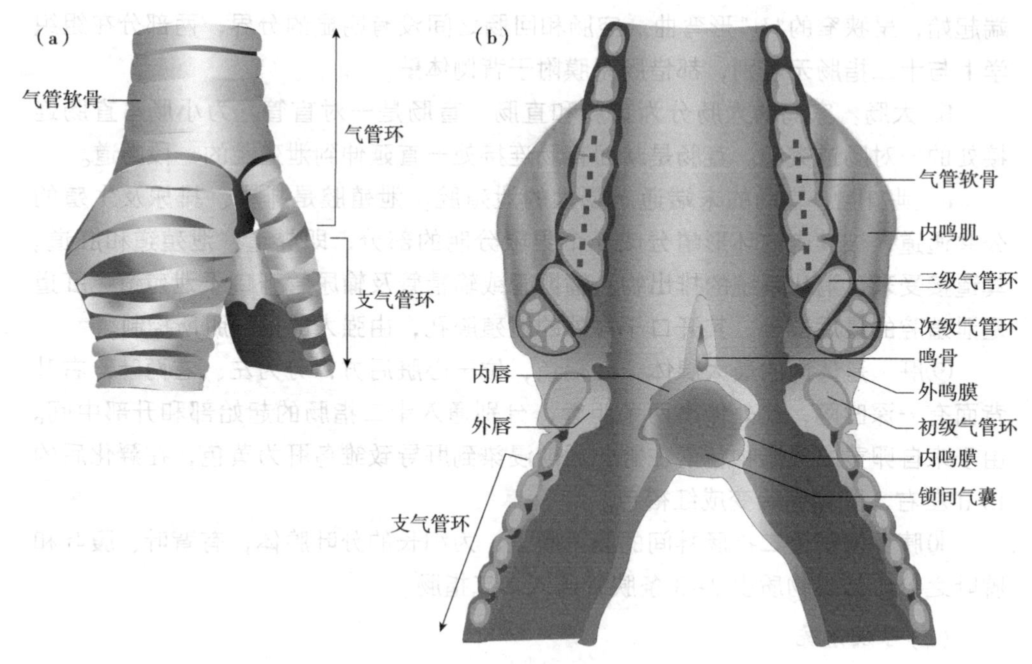

图 5-11　鸟类鸣管结构(仿 Gill and Prum，2019)

(a)外形；(b)纵切面

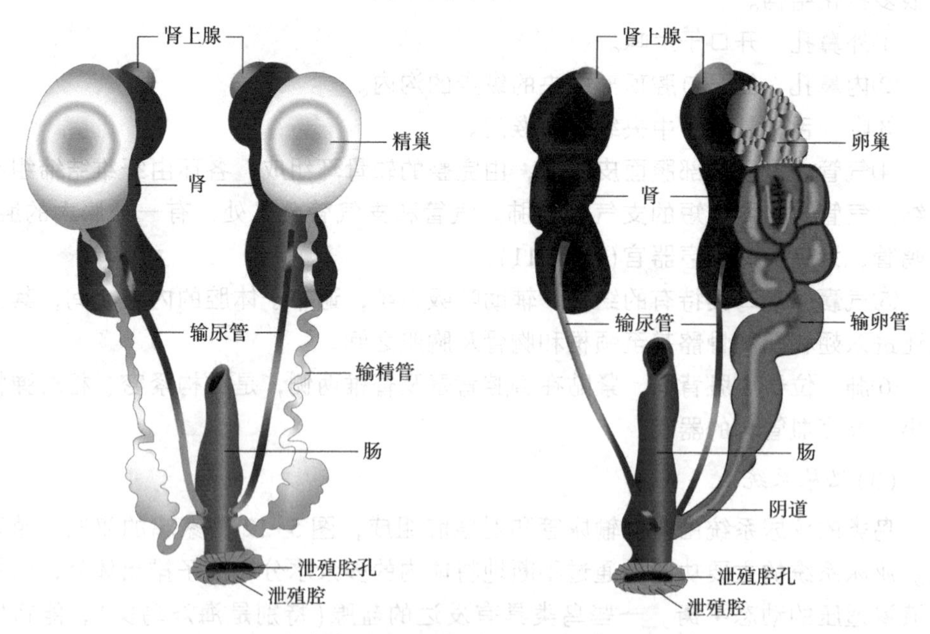

图 5-12　家鸡的泌尿生殖系统(仿 Gill and Prum，2019)

紧贴于体腔骨盆的背壁，呈长扁平形，暗褐色，质软而脆，分为前、中、后三叶，周围没有脂肪。无肾门，肾的血管和输尿管直接从肾的表面进出。肾内无肾盂，集合管直接注入输尿管在肾内的分支。

②输尿管　位于肾脏的腹面，在入肾之前分出一些分支，为初级分支。每一个初级分支又分为 5~6 个次级分支，进入肾小叶的髓质区，与众多的收集管连通。输尿管离肾后，沿体腔背侧后行，最后进入泄殖腔。

③泄殖腔　鸟类的泄殖腔是一个多功能的腔室，位于身体的后端，通常在尾巴基部下方。它是消化管、输尿管和生殖管的共同开口，承担着排泄、排尿和生殖等多重功能。

(4) 生殖系统

鸟类的雄性生殖系统包括精巢、附睾、输精管、泄殖腔，无副性腺；雌性生殖系统(镜像)仅左侧有卵巢、输卵管，右侧退化(图 5-12)。

①雄性生殖系统

a. 精巢：1 对，淡黄色，位于肾前端的腹侧，豆形或椭圆形，左右对称。季节性繁殖的鸟类在进入繁殖期后，其精巢体积会明显变大，色白，内含有大量精子。

b. 附睾：位于睾丸内侧缘，较小而不大明显，被精巢系膜所掩盖。

c. 输精管：从附睾延伸，发出弯曲的输精管，位于输尿管的外侧。输精管起始部分较细，近泄殖腔处逐渐变粗，通入泄殖腔。

d. 泄殖腔与阴茎：鸟类的泄殖腔两性相似，大多数鸟类的精子和卵子均通过泄殖腔排出。整个泄殖腔呈筒状，借两个环行褶壁分为 3 个腔，即位于前方紧邻直肠的粪道、中部的接受生殖和泌尿导管开口的泄殖道、后端的肛道。雄性鸟类通过泄殖腔的外翻(即“泄殖腔吻”)将精子传递给雌性鸟类的泄殖腔，从而完成受精过程。鸵鸟和雁鸭类等的泄殖腔腹壁隆起，构成可伸出泄殖腔外的交配器，起着输送精子的作用。在某些鹳形目及鸡形目等鸟类，还残存着交配器的痕迹。这些都可以作为鉴别雌雄性别的依据。

②雌性生殖系统

a. 卵巢：以系膜悬挂于左肾前叶的腹侧。雏鸟卵巢为扁平椭圆形，表面呈颗粒状，卵泡很小；成鸟卵巢充满大小不等的葡萄状卵泡，成熟卵泡破裂后卵子即可释放。只有左侧的卵巢及输卵管发育是鸟类的特征，不过右侧不发育的卵巢在许多种类鸟中尚有遗存(镜像)，其中，隼形目鸟类的左、右侧卵巢均具有功能。

b. 输卵管：幼鸟输卵管较直而细。成鸟仅左输卵管发育完全，前端伞状的喇叭口靠近卵巢，开口于体腔；后方弯曲处内壁富有腺体，可分泌蛋白，较窄的一段形成部分卵白和纤维性的壳膜；后部一段短而宽的膨大部为子宫，卵在此停留的时间较长，卵壳在此形成。输卵管末端为阴道，开口于泄殖腔的泄殖道。

(5)循环系统

循环系统包括心血管系统和淋巴系统两部分，其主要功能是运送血液和淋巴，把营养物质、氧气和激素等运送到身体各个器官、组织和细胞，进行新陈代谢；同时又将各器官、组织和细胞的代谢产物带至肺、肾等器官而排出体外。

①心血管系统

a. 心脏：位于胸腔内的中部，肺脏的腹面，介于肝的左叶与右叶之间。用镊子拉起心包膜，用小剪刀纵向剪开，即可从心脏的背侧和外侧将其除去。心脏表面浅沟将心脏分为两个心房和两个心室。心脏前面褐红色的扩大部分为左右心房，后面颜色较浅的为左右心室，心室壁的肌肉较心房厚(图5-13)。剖开心脏，左心房和左心室之间的瓣膜是心内膜延续形成的半透明的膜，而右心室和右心房之间的瓣膜是一片肌肉瓣，没有腱索。

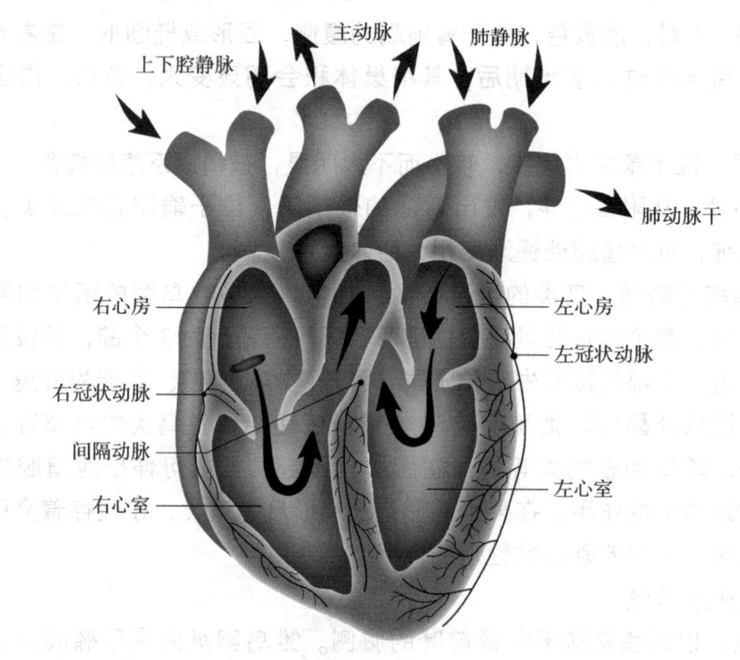

图5-13　鸟类心脏结构图(仿 Gill and Prum，2019)

b. 动脉：稍微提起心脏，即可见由左心室发出向右前弯曲，然后折向心脏右背面后行右体动脉弓。右体动脉弓离开心脏向前分出两条较粗的无名动脉，然后继续向右弯曲，过右支气管而到心脏的背面，形成背大动脉，沿脊柱下行。

无名动脉：从右体动脉弓上分出的两条管径较粗大的血管，可分出较细的颈总动脉和延续较粗且短的锁骨下动脉。

颈总动脉：从无名动脉到达颈部的外侧分出。每一颈动脉又在头骨的腹面分成颈外动脉和颈内动脉。

肱动脉：与颈总动脉并列由无名动脉分出而到达前肢。经过肱骨的腹面沿肱二头肌斜向上行，分为桡动脉和尺动脉。

胸动脉：指进入胸大肌的粗大血管，分为后方的胸下动脉及前方的胸上动脉。

肾动脉：指从肾水平位置发出，到达肾的动脉。

股动脉：在生殖腺动脉的后方，由肾叶间侧方发出，分布于大腿基部。

坐骨动脉：位于股动脉后方，指在肾中部和后部交界处，向左右发出的大动脉。其有分支分布于臀部并延伸至小臀部。

c. 静脉：主要静脉有前腔静脉一对，后腔静脉一条、均汇入右心房，从肺静脉回到左心房。

肺静脉：指来自肺部的左右两侧各两条进入左心房的血管。

前腔静脉：指在左右心房的前方可见的两条粗而短的静脉干。

后腔静脉：指由肝的右叶前缘通至右心房的一条粗大血管。

肾门静脉：指在左右髂内静脉吻合支的两侧发出的静脉。其分别进入左右肾，在肾的中部和后部交界处连接坐骨静脉，并与髂外静脉汇合成髂总静脉。

股静脉：收集大腿前部返回的血液，与肾门静脉和肾静脉汇合，形成髂静脉。

肾静脉：从肾前叶发出的小血管为前部肾静脉，从肾后叶发出的大血管为后部肾静脉，其间连接一条肾中叶发出的分支，前部肾静脉和后部肾静脉先后汇入髂总静脉。

肝静脉：指由肝的左右两叶发出的两条静脉，汇合于后腔静脉的基部。

②淋巴系统　由淋巴管、淋巴组织(弥散淋巴组织和淋巴小结等)和淋巴器官(淋巴结、胸腺、腔上囊、脾脏等)组成。

a. 淋巴管：淋巴管是输送淋巴液的管道，主要与血管外体液返回血液有关。即收集躯体的淋巴液，然后注入前腔静脉。鸟类的淋巴管比哺乳动物少。

b. 淋巴结：位于淋巴管上，具有过滤淋巴液、消灭病原体和补充新淋巴细胞的作用。

c. 淋巴小结：由淋巴细胞聚集而成，分布于体内的不同部位，同样具有消灭病原体和产生淋巴细胞的功能。

d. 胸腺：由3~8个淡红色、扁平而不规则的叶状结构组成，紧靠颈静脉并沿气管两侧排列。家禽性成熟时的胸腺体积最大，随后开始萎缩。野生鸟类的胸腺可以在第一和第二个性周期后再扩大。胸腺在促进淋巴细胞发育成熟并诱导其产生细胞免疫力方面具有重要功能。

e. 腔上囊：为鸟类特有的淋巴器官，指泄殖腔背部的一个盲囊。它是与胸腺密切平行发育的，在胚胎时期出现于消化道末端，生长迅速，能产生淋巴细胞。

f. 脾脏：一个近圆球状器官，红褐色，位于胃腺体部的右侧。其体积有季节性变化，夏季比冬季时体积更大。

(6)神经系统

神经系统由中枢神经系统(图 5-14、图 5-15)和外周神经系统构成。其能接收体内外的刺激，经过中枢整合而产生适当的反应，从而维持体内环境的稳定及应付多变的外界条件，并能选择性地将一些信息以记忆或学习的方式贮存于大脑，在各种冲动的影响和协调下，形成多种有利于机体的、复杂的行为。

①中枢神经系统

a. 脑：由大脑、间脑、中脑、小脑、延脑等组成。

大脑：脑前端有一对不发达的嗅叶，其后是发达的大脑半球，大脑半球向后掩盖着间脑和中脑的前部。

间脑：指将大脑半球向两旁分开，其下方的圆形隆起。

中脑：位于大脑半球后下方的两侧，以一对圆形的视叶最为发达。

小脑：小脑发达，中央为小脑蚓部，两侧为小脑卷。小脑发达的程度与鸟类飞行动作多样和复杂有关。

延脑：小脑之后为延脑，其后连接脊髓。

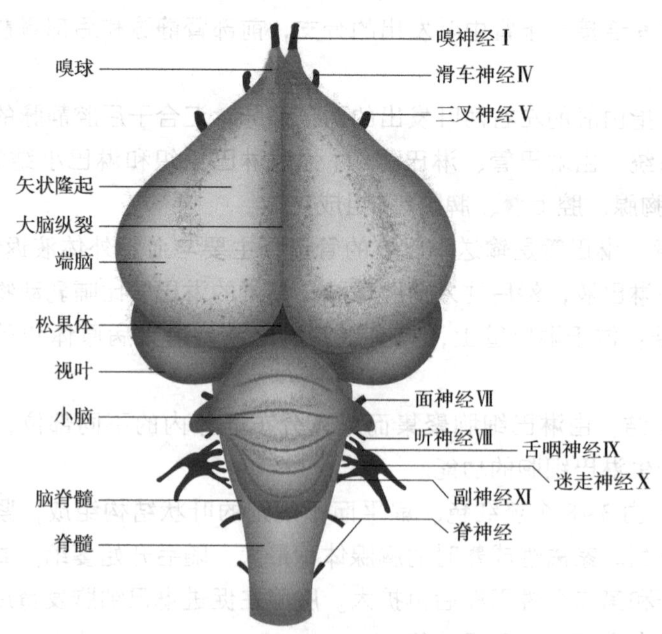

图 5-14　鸟类的脑与脑神经背面(仿 Konig et al.，2016)

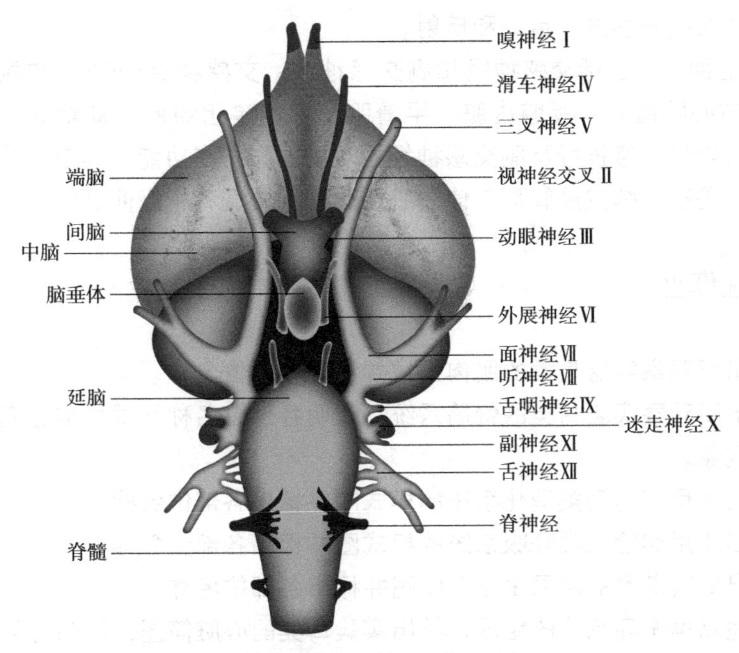

图 5-15 鸟类的脑与脑神经腹面(仿 Konig et al., 2016)

b. 脊髓：脊髓被脊柱的椎管所保护，与其等长，从前到后的脊柱神经均是向两侧平行伸出的。脊髓在颈胸部和腰荐部各有一个膨大，是翼和后趾的运动中枢。

②外周神经系统　又称周围神经系统、周边神经系统，是神经系统的外周组成部分，它主要是由神经构成，是由长神经纤维或是轴突组成，连接中枢神经系统及身体各部位。包括除了中枢神经系统以外的所有神经，也是中枢神经系统结构和功能的延续。鸟类的外周神经系统根据连接中枢的部位分为脑神经、脊神经、自主神经，与身体各系统和器官连接，支配运动、感觉和自主神经活动。

a. 脑神经：鸟类有 12 对脑神经(图 5-14、图 5-15)，与脑相连，按出入颅腔的前后顺序即嗅神经、滑车神经、三叉神经、视神经、动眼神经、外展神经、面神经、前庭蜗神经、舌咽神经、迷走神经、副神经和舌下神经各 1 对。除嗅神经连于大脑的嗅球、视神经连于间脑视交叉外，其余 10 对均与脑干相连。12 对脑神经中，嗅神经、视神经和前庭蜗神经是纯感觉成分，将嗅觉、视觉、听觉冲动传向中枢。动眼神经、滑车神经、外展神经、副神经、舌下神经是运动性成分，把中枢的信息传给感受器。三叉神经、面神经、舌咽神经、迷走神经则既有感觉成分，又有运动成分，是混合性神经，其中运动性神经支配眼肌、舌肌、咀嚼肌、表情肌、咽喉肌，也有支配平滑肌、心肌和腺体的。

b. 脊神经：是与脊髓相连的周围神经，在脊髓和身体之间传递信号，主要支配身体和四肢的感觉、运动和反射。

c. 自主神经：包括交感神经和副交感神经。交感神经(正向)和副交感神经(反向)调节心脏血管、腹腔内脏、平滑肌及腺体等组织的活动功能。鸟类大多数组织器官均受交感神经及副交感神经的双重支配，在功能上具有拮抗作用，从整体上看，是在大脑皮层管理下使内脏活动相互协调和相互促进。

5.5 实验作业

①绘出所观察实验鸟类的肌肉系统并注明各部位名称。

②绘出所观察实验鸟类的骨骼系统，注明各部位名称并试着描述鸟类骨骼存在愈合的现象。

③绘出所用实验鸟类消化系统的模式图并标出各部位名称。

④绘出所用实验鸟类呼吸系统的模式图并标出各部位名称。

⑤绘出实验鸟类的泌尿生殖系统图并标出各部位名称。

⑥简述鸟类循环系统的组成，绘出实验鸟类的心脏简图，注明各部位名称。

⑦观察和绘制实验鸟类的脑部结构并注明各部位名称。

第 6 章 | 鸟类标本制作

6.1 实验目的

鸟类标本在科研、教学和鸟类保护中具有重要的作用，包括骨骼标本、剥制标本、鸟卵和鸟巢标本，通过鸟类标本的制作，学生可以更直观地观察鸟类细节特征，提高动手能力及识别能力。鸟类标本也可以在保护宣传工作中让民众更加了解物种的形态。

6.2 实验内容

按照骨骼标本、剥制标本、鸟卵和鸟巢标本的制作步骤和要求，制作不同类型的鸟类标本。熟练掌握标本的制作流程，实验材料和工具的规范使用方法等。

6.3 实验材料及工具

(1) 实验材料

选取家鸡、家鸽、鸡蛋、鹌鹑蛋等作为实验材料。

(2) 实验工具及药品

解剖刀、解剖针、镊子、锯、骨钳、大头针、剪、解剖盘、烧杯、量筒、封口剂、标本瓶、石蜡、凡士林、树胶、义眼、竹丝、棉花、麻丝、棕丝、油灰、锯末、塑泥、电钻或手摇钻、钢丝钳、针、编号牌、天平、毛笔、注射器、漆刷、线、标本台板、脱脂棉、软塑料尺、玻璃棒、铁丝、玻璃板，乙醚、氢氧化钠、氢氧化钾、过氧化氢、漂白粉、汽油、防腐剂。

6.4 实验方法及步骤

6.4.1 骨骼标本

鸟类骨骼标本可以制作成干制骨骼标本和透明骨骼标本。干制骨骼标本是鸟类的骨骼经过一系列加工处理，按照一定的自然位置组装成的一套完整的骨骼标本。通过一系列化学药剂处理，使小型脊椎动物的肌肉组织变得透明，从而清晰展示其内部的骨骼结构，此类标本被称为显示骨骼系统的透明标本，简称透明骨骼标本。

(1)骨骼标本制作基本步骤和要求

鸟类干制骨骼标本制作主要包含剥皮、去内脏、剔除肌肉、腐蚀、脱脂、漂白、整形及装架等步骤。下面简述其主要步骤及其要求。

①剔除肌肉　在完成剥皮和去内脏之后，需要用刀去除附着在骨骼上的肌肉，尽量避免残留，这一过程不能损伤骨骼和小骨块连接的韧带。将四肢连同肩带和腰带从脊椎骨上分离，去除四肢及腹部相应肌肉。随后，在枕骨与寰椎之间小心切割以取下头颅，并切除表面肌肉和眼球。使用镊子夹持棉球或棉签，从枕孔伸入进行钩取或掏出脑组织。

在对鸟类死体进行解剖并切除大部分肌肉后，仍会有少量肌肉残留于骨骼上。这些残余肌肉可以通过煮制法或虫蚀法有效去除，具体方法可根据实际情况选择使用。

a. 煮制法：可添加某些药物加水煮制，在短时间内去除软组织，经过脱脂剂加工、漂白处理制成骨骼标本。去除大部分肌肉的骨骼需用清水浸泡 2~3 d，让附着的肌肉及残留骨骼中的血组织部分腐败，以便更彻底地去除。下一步，将骨骼置于1%的氢氧化钠溶液中煮制，以达到脱脂和漂白的效果。煮制到韧带变黄时，取出骨骼并将其浸泡在清水中，然后仔细剔除剩余的骨肉组织。如果还有骨肉附着，可进行第二次煮制，此时氢氧化钠溶液的浓度应降低至0.7%，煮沸后再次取出并冷却，继续剔除残留的肌肉组织。在煮制过程中，应注意不同骨骼部位的火候控制，特别是胸骨和肋骨，建议根据骨骼大小分批处理，较小的骨骼煮制时间应较短，以保留更多的软骨结构。待所有附着肌肉被彻底清除后，将骨骼取出风干，并选择在关节面中央或隐蔽的骨块内侧钻孔，通过钻孔注入清水冲洗骨髓和脂肪等物质，确保内部清洁后再晾晒干燥。

b. 虫蚀法：准备一个木板为底，四周为玻璃的箱体，确保箱体连接良好，不会造成蚂蚁逃逸，再用纱布或者透气的盖子盖住顶部。将准备好的蚂蚁和巢穴放入箱内，饲喂备用。用时需在待处理骨骼的肱骨、股骨钻洞，再放置于没有气味的箱子内。约48 h后，蚂蚁会把鸟类的肌肉、骨髓和脑髓吃光。将剩下完整的骨骼取出。蚂蚁虫蚀法较适合小型的鸟类骨骼标本的制作，也可以与手工剔除法相结合处理比较大型的鸟类标本。

注意：ⅰ. 根据所处的环境和季节选择合适的方法，如北方的冬季不适合虫蚀。ⅱ. 放入温水中浸泡 1~2 h 可让骨骼关节处回软，然后通过细铁丝修整变形的部分。ⅲ. 骨骼比较柔嫩或需要保留软骨组织时不能利用虫蚀法制作其标本。

②腐蚀　利用腐蚀剂(氢氧化钾、氢氧化钠)进行处理，去除骨骼上面遗留的肌肉。一些种类骨骼经过碱液浸泡后可不进行脱脂处理。不同鸟类制作标本时所用的碱液浓度和腐蚀处理所用的时间各不相同。

碱液腐蚀处理时应注意：ⅰ. 根据鸟类的大小和鸟类骨骼的大小决定所使用碱液腐蚀剂的浓度、处理时长和处理温度。ⅱ. 在制作鸟类附韧带骨骼标本时，切勿损坏关节处的韧带，韧带的大小不等是由于所处骨骼部位关节处不同，如指、趾骨间的韧带较其他部位的韧带更容易掉落。因此，应采用浓度较低的碱液腐蚀剂进行多次腐蚀，即隔一段时间用清水冲刷去除被腐蚀的肌肉，检视是否冲刷干净后再放回原来的腐蚀液中，重复操作直至骨骼上无肌肉附着。此法可大大减少腐蚀所用的时间，也会减少韧带的磨损，与此同时要注意观察骨骼中细骨、小骨和薄骨以及关节处韧带是否有损伤情况。ⅲ. 一定不能使用金属容器或能和碱反应的容器盛放碱液。ⅳ. 强碱的腐蚀会对骨骼造成损伤，应该注意把控处理时间、浓度和温度等，如果标本较珍贵，则不推荐使用碱溶液处理。

③脱脂　骨骼中的脂肪应被脱去，否则会造成骨骼标本变黑、变质、吸引蚊虫和引发恶臭等。常见的脱脂方法有热水洗洁精清洗、95%乙醇浸泡、汽油浸泡等。

④漂白　漂白是为了让骨骼外形更加整洁美观。漂白剂对骨骼和关节韧带有不同程度的损伤和腐蚀作用，因此，要根据鸟类的形态大小和骨骼的抗腐蚀程度来决定漂白剂浓度、处理时间，在漂白的过程中要时刻注意标本漂白的情况。

⑤整形及装架　指对鸟类骨骼标本进行形态整理，使其更加合理和美观，从而使展示出来的标本更具有观赏性。注意：ⅰ. 在标本风干前应把附韧带骨骼标本整形完成。ⅱ. 标本过干难以对其整形时，可通过放入清水浸泡回软的方法处理，回软的时间根据标本的形状和大小等情况确定。ⅲ. 骨骼标本整形完成后应尽快干燥贮存。ⅳ. 保存时需放入一定量的樟脑丸。

(2)鸟类骨骼标本制作实例

鸟类与哺乳类的骨骼有显著区别，鸟类骨骼较轻且比较坚韧，骨骼中空，骨髓只存在少量的骨骼之中；骨骼大多愈合，如胸骨和腰带骨等。鸟类肢骨和带骨与哺乳动物骨骼相差很大，前肢特化成翼。下面以家鸡为例，简述鸟类骨骼标本的制作流程。

①处死　大多采用窒息法将家鸡处死，即用手堵住其鼻孔或将其头部放入水中。

②剔除肌肉　在家鸡的中央腹部，用解剖刀直接将皮肤竖向剖开，并把两侧及其周围的皮肤全部剥下。再除去龙骨突周围的胸部肌肉，除去肋骨的肌肉时应

该多加注意，肋骨相较柔软易损坏。然后按照一定顺序把颈项、躯体和四肢等处的肌肉处理干净，再利用一根细铁丝，将一端系上棉花或棉签，从枕孔上方伸至颅腔内，将脑髓清出；再用铁丝插入寰椎脊髓腔，把脊髓清理干净并用清水多次冲洗，最后把舌、眼和颈部四周的肌肉除去，相比之下较难去除的是颈部肌肉，可经腐蚀之后再除去；然后将前肢的尺骨、桡骨、后肢胫骨的两端各钻一个孔，利用注射器清洗骨髓腔内的骨髓。

③腐蚀　将剔除肌肉并清洗后的骨骼放入0.8%氢氧化钠溶液(或氢氧化钾溶液)中2~3 d，取出后用清水漂洗，再将残留的肌肉处理干净。但要保留一些肋骨部位的肌肉，待漂白干净后去除；也可以将其放入水中自然腐败2~7 d，然后处理残留的肌肉。最后用清水冲洗干净。

④脱脂和漂白　将完成前序工作的鸟类骨骼放入汽油中浸泡1~3 d，取出后冲洗干净，再将其浸入3%的过氧化氢溶液中2~4 d。腐蚀和漂白期间要经常观察骨骼情况，以免损坏骨骼。

⑤整形和装架　将经漂白后的骨骼进行形状整理。取一根长度大概等于体长2倍的铁丝，将一端插入颈椎，并在腰椎处钻小孔把铁丝穿出，然后从髋关节处穿出，可以顺着腿骨一直向下，也可以从腿骨中部穿出，铁丝顺腿骨向下弯曲成一定的角度，并按照其关节的弯曲程度和骨骼本身的高度，把标本下端稳定在标本台上[图6-1(a)]。取一根约2 cm铁丝系上棉花在颈椎的前端，并蘸取乳胶插入枕大孔中，把颈椎和躯体调整成合适的形态，且让躯体保持一定的角度[图6-1(b)]，用针把脚趾固定在台板表面。然后按照肋骨的固定整理方法，把家鸡两前肢的掌骨、尺骨和桡骨、肱骨和肩胛骨用铁丝连接合并在胸椎上[图6-1(c)]。也可以先用框架盛放骨骼，处理好形态后用线捆好，待关节之间韧带风干后再将其固定安装在台板上。

(3)鸟类透明骨骼标本制作实例

下面以虎皮鹦鹉(*Melopsittacus undulatus*)为例，简述双色法制作透明骨骼标本的方法。在该方法中，软骨使用阿利辛蓝(Alcian Blue 8GX)染成蓝色，硬骨使用茜素红(Alizarin Red S)染成红色。通过甘油处理使骨骼上附着的少量肌肉呈现透明效果，从而在不损坏鸟类骨骼的前提下清晰展示其结构。经过一系列制作步骤后，可以详细观察到骨骼的具体组成和形态。

①选材　应该选取新鲜的鸟类躯体，透明骨骼标本不宜采用死亡时间过长的鸟类躯体。

②药品　95%的乙醇(或无水乙醇)、3%和1%的氢氧化钾溶液、蒸馏水、甘油、5%福尔马林溶液、阿利辛蓝和茜素红等。

③剥皮去内脏　将鸟中央腹面的皮肤剖开，沿着两侧把周围的皮肤剥下。然

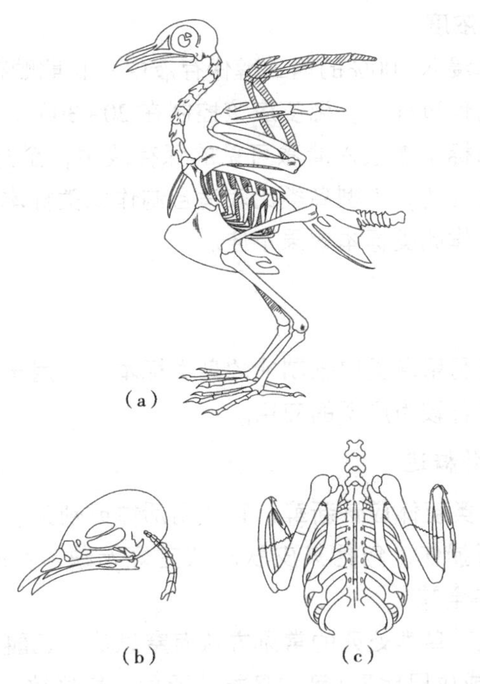

图 6-1 家鸡整体骨骼

(a)整体骨骼；(b)头骨和颈椎骨骼串连与固定；(c)前肢骨骼固定

后把腹部剖开，去除内脏，并用清水冲洗干净后放入烧杯中。

④固定 将95%的乙醇缓缓倒入放有标本的烧杯中，直至浸没标本。在温度恒定(20℃)的培养箱中放置2~3 d，使其固定。如果采用无水乙醇固定，固定时间可以相应缩短，若在常温下固定则需要增加一定的时间。

⑤软骨染色 用蒸馏水清洗3次已经固定好的标本，随后将标本浸没于软骨染色液(无水乙醇60 mL、冰乙酸40 mL、阿利辛蓝20 mg)中，染色1 d左右。鸟类标本的种类不同、大小形状不同，染色的时间也不相同，当观察到软骨染成蓝色时，染色效果最佳。

⑥脱色 用清水冲洗3次完成染色的软骨标本，再将其放入一定梯度的脱色液(25%、50%、75%、100%的乙醇)中，24 h换液一次，直至肌肉变白和软骨清晰。

⑦硬骨染色 脱色变为白色的标本干燥后，再将其浸没于硬骨染色液(茜素红5 mg、氢氧化钾0. 5 g、蒸馏水100 mL)中，染色18 h左右，直至硬骨和软骨分别呈现红色和蓝色且区别明显。

⑧透明 用清水冲洗3次染色后的标本，再将其放入升序梯度透明液(25%、50%、75%、100%的丙三醇)中使其浸没，每个梯度浸泡3 d。透明液的配制时，先使用蒸馏水配制5%浓度的氢氧化钠为稀释液，再将纯丙三醇分别稀释为25%、

50%、75% 3 个不同浓度。

⑨保存　将标本浸入 100%的丙三醇保存液中，长期贮存。

注意：在整个制作过程中，温度应该控制在 20~30℃，染色时每 2 h 查看一次标本。制作成功的标本需放入清澈可见的保存液中，全身肌肉需呈现透明状，需清楚可见骨骼呈紫红色。小型鸟类比较适合制作此类标本，较大鸟类的肌肉可透明度较低，如果制作此类标本效果不佳。

6.4.2　剥制标本

鸟类剥制标本是利用鸟类皮张制成的鸟类标本，适用于大部鸟类，在鸟类学学习和研究过程中有着较为广泛的应用。

(1)剥制标本制作概述

①选材要求　鸟类躯体应该新鲜，宜选用活体或刚死、没有腐败的鸟体。另外，躯体不应该有所损伤，包括其皮肤应该完好无缺，四肢及相应的外部结构(如喙、羽毛等)要齐全等。

②活体处死方法　鸟类处死的常见方法有窒息法、乙醚麻醉法、麻醉剂注射法(如注射苯巴比妥或戊巴比妥)等。鸟类处死后，最好放置 1~2 h，等血液凝固之后再去皮，可以减少剥皮时血液对毛发和皮肤的沾染。

(2)剥制标本制作实例

剥制标本工序比较复杂，所需时间较长，为让标本制作完成后能够以更好的姿势展现出鸟类本身的颜色和基本形状，制作前应当采集其完整的照片，以活体照片为最佳。照片应包含正侧照、正前照和一些鸟类的活动照片。

鸟类姿态标本的目的是展示鸟类生活姿态，又称真剥制标本，与其对应的还有假剥制标本，分类研究中使用较为广泛。假剥制标本的制作方法相比姿态标本制作更为简单，最大的差别在于假剥制标本不需要安装铁丝支架。其制作方法是：鸟体经过剥皮、涂防腐剂等操作之后，在鸟类体内放置一根竹签，前端插入枕孔以内，竹签后端插入尾综骨，然后用填充物把皮毛内空的部分直接填充饱满，再把剖口缝合起来。还应用棉球把头骨周围和眼眶内填塞饱满，防止下陷。另需将羽毛梳理顺畅，头、颈、身子和两脚处理平直以便保存，风干后挂上标签保存。下面简述姿态标本的制作流程。

以家鸡为例介绍鸟类姿态标本的制作过程。

①剥皮(胸剥法)

a. 把胸皮剥离除去，把鸟体用袋子装好，向袋内喷洒一定的杀虫剂，0.5 h 后把鸟体取出腹面向上放于桌上，胸部中央的羽毛向两侧摊开，让龙骨突裸露在外面。用解剖刀从龙骨突中央前部皮肤向后剖开直至腹部前端(不划伤肌肉为宜)，把皮肤分离至两侧的肩关节处[图6-2(a)]，从剖口缓缓拉出颈部，在靠近胸部的位置剪断颈部，在靠近头部的地方用剪刀剪断气管和食管[图6-2(b)]。

b. 剥去肩背皮，把皮肤轻微拉伸露出肩关节[图6-2(c)]，用解剖刀把肩关节切断，使其躯体和两翅独立分开[图6-2(d)]。

c. 把腹部的皮肤剥下并把两腿剪开，继续向鸟体背腰部方向剥离，可以直接用手将皮肤和背部剥离，但要注意控制力量。随着体背皮肤被剥离分开[图6-2(e)]，将腹面皮肤朝泄殖孔方向剥离，腿部肌肉展露出来后，继续把皮肤剥离至胫部与跗骨之间的关节处，把胫部肌肉除去展露胫骨。把膝关节切断，让两腿和躯体独立分开[图6-2(f)]。

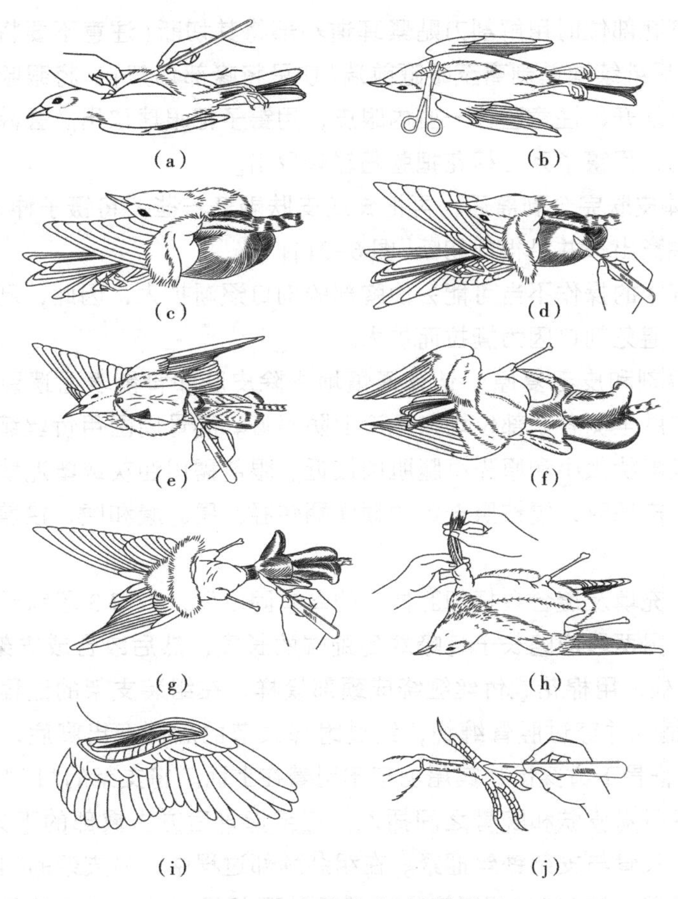

图6-2　鸟类皮肤剥制步骤

(a)胸部开口与旁边皮肤剥离；(b)颈部的剥离与截断；(c)剥离肩背；(d)截断肱部；(e)剥离腰部；(f)后肢剥离与截断；(g)尾部剥离与截断；(h)翼部的剥离；(i)翼中段开口取出肌肉；(j)爪部开口取出肌腱

d. 当皮肤从腹部剥至尾部泄殖腔孔时，沿孔边缘将其剪断，然后一直剥至尾基部。当尾椎展现出来时把尾脂腺去除干净，从2~3块尾椎处剪断[图6-2(g)]。注意不能把尾羽基部剪断，以免造成尾羽损失。至此，除头部、两翅、胫部、跖部和爪附着在鸟皮之外，鸟体其余各部分均与鸟皮分离开。

e. 把翼皮剥离开，然后将肱骨轻轻取出，使之与皮肤分离开来[图6-2(h)]。飞羽着生在尺骨和指骨上，因此，剥离尺骨上的皮肤时应该格外小心，尽量不要损坏到羽根。向前继续剥离至尺骨与桡骨关节处后，将桡骨与肱骨连接部位切断并在翼中段皮肤上开口处把尺骨肌肉清理干净，仅存留尺骨[图6-2(i)]。如需制作展翅姿态标本，则要把肱骨和桡骨保留完整。

f. 剥离头部时，把颈部拉出后将鸟皮翻转过去，待显示出颅骨后，向前端剥去，剥离至耳孔部位时用解剖刀贴紧耳道基部将其切断(注意不要将耳道皮肤全部去除)；然后继续向前剥离至眼眶前端(切忌将喙部切开)，将眼睑边缘的薄膜用解刨刀小心切开，注意留存一些内眼皮，用镊子把眼球取出。去除上下颌和四周的肌肉之后，用镊子系上棉花把脑髓轻轻取出。

g. 把鸟体皮肤完全剥离后，再把脚底皮肤剥开一些，将镊子伸入其脚跟内，把肌腱全部抽离出来并沿根部切断[图6-2(j)]。

剥皮过程中的操作不当可能会使胸部的剖口逐渐扩大，因此，剥皮时应该谨慎细心操作，避免剖口因为撕拉而扩大。

②涂防腐剂和皮毛复原　认真谨慎地去除皮肤和骨骼表面遗留的肌肉和脂肪，并在其皮肤里侧各个部位均匀地涂上防腐膏。胫骨周围用竹丝缠绕，或用棉花替代，让其形状大小和原先小腿肌肉接近。眼部需用油灰或塑泥填入两侧眼眶内。最后复原皮毛时，需按照一定的顺序翻转胫、尾、腹和腰，接着是双翼，最后是头部。

③装架、充填及缝合　把仰卧伸直的鸟体固定后，截取3段铁丝，其中长度等于翼展长，另两段应略长于鸟喙端到趾端的长度，然后绞合成支架(图6-3)。在支架的“2”处，用棉花或竹丝缠绕成颈部模样。在组装支架的过程中，将支架的“5”“6”端插入并穿过胫骨缠绕，经过跗部关节的后侧穿出脚底，同时将支架的“4”端从尾椎骨下方穿出让其尾羽牢牢附着在上面。将支架的“1”“3”端紧贴各部分尺骨，并且沿皮肤和腕骨之间插入，直至指骨后方由翼部的下方穿出皮肤，另选取铁丝将尺骨与支架铁丝捆紧。在组装颈部过程中，将支架的“4”“5”“6”端向尾、腿部后移，使“2”端轻微弯曲，然后从颈部轻轻插入途经枕骨大孔、颅腔直达喙尖，可以用造牙粉填充，把铁丝稳稳定格在颅骨上。

填充过程中，先垫一块棉花在尾部、腰背、两侧和支架下面，然后向其尾部、两腿外侧及尾部腹面依次填充。待尾部填充完毕且和原体相近时，再对其腹

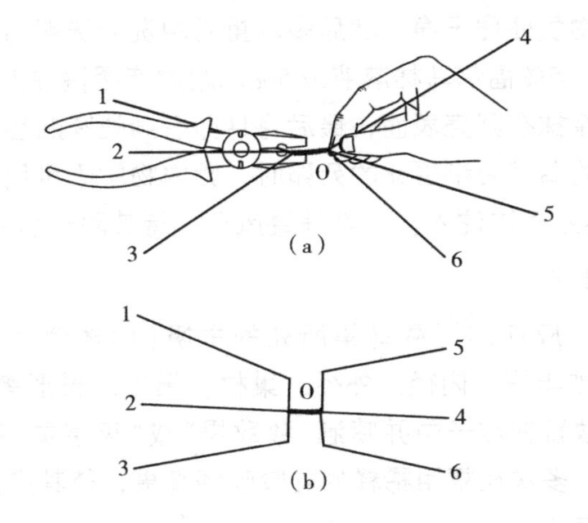

图 6–3 鸟类支架制作方法

O. 铰合点；(a)绞合 3 根铁丝；(b)形成 1~6 号端

部、胸部的两侧中央区域进行填充。填充后，检查鸟体各部形状外貌是否匀称，对其调整补充之后，便由前到后缝合剖口。应该注意胸部剖口的皮肤卷缩，注意不要把皮肤拉伸；胸部一定要填满充足。

④整形

a. 头颈部整姿：一手固定，另一只手按住头部从上往下慢慢擀，使颈的基部呈现饱满状态。鸟头应该稍稍向下弯曲且稍转向一侧。

b. 翼部整姿：使翼内的铁丝呈现弯曲状态，两翼紧贴躯体两侧呈收翅形状，把超出翼部的铁丝剔除。整理翼部时，应注意翼背部和腹部的皮肤经常错位导致羽毛不顺。

c. 两腿整姿：两腿的羽毛按照正确的位置进行整理排放，然后将其胫跗关节处的铁丝微曲，使其两腿处于躯体中心偏后部位，并将其从脚底穿出的铁丝牢牢稳定在台板上。

d. 最后把羽毛理顺，嵌入义眼，并在喙部和爪、趾部用颜料涂上对应的颜色。

上述是选取鸟静立时的姿态制作标本的步骤，根据不同标本，整姿还可分为展翅、啄食、飞翔、行走、上仰等各种姿态。

6.4.3 鸟卵和鸟巢标本

(1)鸟卵标本制作

将鸟卵清洗干净后放于纱布之上，用小钉子在卵的一端轻轻地钻一个直径为 1 mm 的小洞，可利用注射器向卵内注入清水，使其蛋清和蛋黄缓缓流出；注射器也可抽吸蛋清和蛋黄，待吸不出时再向其注入空气使蛋清和蛋黄流出。重复操作几次，直至卵内物质处理干净。然后多次重复冲洗清洗卵内残留物质，直至卵内清洗干净为止。将5%福尔马林溶液或5%苯酚溶液缓慢注入卵壳内，慢慢地转动使防腐液均匀地涂抹在卵壳表面，最后将鸟卵有洞处紧贴垫有棉花的标本盒进行贮存。若收集到的鸟卵为半孵化的死卵时，卵内物质不可能完全流出，这时要采用5%福尔马林溶液多次注入，使其静置风干，待其阴干后装盒保存。

(2)鸟巢标本制作

收集到鸟巢后，应详细记载鸟巢所处的生境(如林地、灌丛、草地、农田等)、生态学参数(如巢深、内径、外径、巢材、巢重、巢形等)。把鸟类粪便清理干净后，将鸟巢放置在盒子中并喷洒“敌敌畏”或“灭害灵”等杀虫剂消灭鸟巢中的寄生虫。最后，多次反复用稀释的乳胶喷洒鸟巢，待其完全阴干后放入垫有棉花的标本盒内保存。

6.5 实验作业

①完成一件骨骼标本或透明骨骼标本，比较骨骼标本和透明骨骼标本在制作技术和用途上的差异。

②完成一件鸟类剥制标本，并请详细记录主要的制作步骤，并对关键步骤进行拍照留存。

③完成一件鸟巢和鸟卵的生态标本，并阐述鸟巢和鸟卵标本组合制作的技术细节。

实训篇

第 7 章 | 野外实训的准备和组织

7.1 野外实训目的及要求

①通过野外实训，复习、巩固和验证所学鸟类学理论和基础知识，丰富学生对鸟类生态学和生物学习性的认知，提升学生野外鸟类物种识别的能力，促进学生对鸟类的行为、生态适应的深刻理解。

②增强学生对野生鸟类进行探索的兴趣和思维的自觉性，使学生贴近自然，感受自然，增强保护自然的自觉意识。

③增强集体主义观念，弘扬团队协作精神，促进学生之间、师生之间的相互了解和沟通。训练学生独立思考的能力、培养学生吃苦耐劳的品格。

7.2 野外实训的准备

7.2.1 实训论文题目的设计

选题是野外实训报告写作的第一环节，是决定学生实训报告质量的重要基础之一。实训地的选择是学院教师们预查后最终确定的，因此，在野外实训开始前可由教师提出一系列的实训论文题目，介绍各选题的内涵，然后让学生结合自己的兴趣进行选择。当然，教师也鼓励学生自己提出具有创新性的题目。

7.2.2 资料准备

①开展鸟类调查前，要收集调查区域的研究文献和调查报告，了解实训地的自然概况、气候、植被、人文历史以及调查区域的鸟类调查与研究资料。

②携带相关的鸟类书籍，如《中国鸟类图鉴》(赵欣如，2018)和《中国鸟类观察手册》(刘阳和陈水华，2021)及实训地所在省出版的鸟类志等工具书；鸟类分类系统参考使用《中国鸟类分布名录》(郑光美，2023)。

③学生选定题目后，要针对实训题目，查阅相关的文献，熟悉所选题目的内容，提前设计好实训方案，并查验方案的可行性。

7.2.3 工具准备

(1)观察和监测工具

①双筒望远镜　注意 7×35、8×30、8×40、10×50 等参数的选择，第一个数字代表倍数，第二个数字代表物镜的直径。物镜直径越大，进光量越大，视野越明亮；物镜直径过小，进光量少，会造成眼睛疲劳；但直径过大，会使望远镜体积和重量变大，不便于携带。森林鸟类观察推荐使用 7~10 倍、物镜直径 30~50 mm的望远镜，此范围内望远镜的重量适中、视野合适。

②单筒望远镜　变焦目镜多为 20~40 倍或 20~60 倍，定焦目镜以 30 倍或 32 倍较为常见。水鸟和草原鸟类的观察作业推荐使用 20~60 倍变焦目镜的单筒望远镜。

③相机　是进行野外生态研究的必备工具，主要用于记录调查区域的地貌、植被类型及鸟类的形态特征等。实训过程中，根据不同的实训内容推荐使用可更换镜头的单镜头反光式取景照相机，配备 28 mm 广角镜头、50 mm 标准镜头、400 mm 的长焦镜头，或者 28~300 mm、100~400 mm 变焦镜头。一般而言，广角镜头用于记录景观特征，标准镜头用于记录栖息地特征，长焦镜头用于记录鸟类形态或者行为特征，变焦镜头可免于在不同场景频繁更换镜头。不可更换镜头的大变焦数码相机也是野外实训较为实用的选择。

④摄像机　用于拍摄记录鸟类的活动影像，同时还可以记录其鸣声。一般应选择镜头变焦比倍数大、体积小巧的摄像机，镜头应具有 12 倍以上的光学变焦。

⑤红外相机　用于记录森林中稀有或活动隐蔽的鸟类。使用红外相机时，安置位点的选择应避免因植物生长、动物破坏、阳光反射、大雪覆盖等引起的误拍和漏拍，以提高数据的有效性和可靠性。同时要在布置前设置好参数，如灵敏度、拍摄模式、时间间隔、像素大小、闪光灯、日期等。

⑥录音机　用于记录收集鸟类鸣声资料，在访问调查时记录谈话过程，在不便书写的情况下记录口述的野外观察数据。录音机的常用类型有专业录音机、小型采访机、数码录音笔等。专业录音机适合录制高质量的鸟类鸣叫声音资料，小型采访机和数码录音笔适合记录访问调查谈话。

(2)测量和定位工具

①卫星定位仪　用于确定位点的地理坐标、调查路线的长度、调查区域面积、海拔和定向导航等。

②海拔表　确定调查区域调查点的海拔，在地形复杂的山区和茂密森林中卫星定位设备常会接收不到卫星信号而不能正常工作，或者测定海拔数据误差较大，因此，需要用海拔表来测定海拔。

③测距仪　有光学测距仪和激光测距仪两类，主要用来测量确定调查样线长度和样线宽度，以及用于样点调查时测定半径距离。徕卡激光测距仪体积小、重量轻、测距精确、使用快捷方便，是测距仪中的首选。

④微型电子秤　体积小巧、使用方便、灵敏度高，用于测量卵或小型鸟类的质量，精度一般为 0.1 g。若要测量大型鸟类质量，也可以用普通杆秤来称重。

⑤游标卡尺　用于测量鸟类喙长、跗跖长、爪长等，测量上限为 150 mm 或 200 mm，精度 0.01 mm 的游标卡尺即可满足鸟类测量需要。

⑥直尺和卷尺　用于测量大型鸟类全长、翅长、尾长和鸟巢的各项指标，以及巢高、树高等生境指标。

⑦温湿度计　用于记录观测鸟类时的环境温度和湿度等。

(3)记录工具

物种登记卡、标签、记录本、记录笔等。

(4)应急药品

一般治疗药物，如感冒药、消毒药品、抗蛇毒血清、纱布、绷带等。

(5)个人用具

根据实训地情况，携带水壶、饭盒、雨具、登山鞋等。

7.3　野外实训的组织

实训开始前，指导教师应根据专业特点，结合实训地点的实际情况，编制切实可行的实训组织计划，一般应包括下述几个方面。

(1)实训的组成人员、负责人、学生分组情况

一般小组成员为 5~8 人，小组根据实训内容制定各组的实训计划，做到分工明确、责任到人。如果条件允许，可安排一名教师负责学生的组织与管理工作。

(2)实训时间、实训内容、要求与进度安排

实训内容应根据实训时间、地区环境特点等实际情况来制定，做到合理有序，又灵活可变。

(3)实训纪律和注意事项

学生在实训过程中应听从指挥、统一行动、互相帮助、团结，不能开展与实训无关的活动或擅自离开实训地。实训纪律和注意事项应提出明确规定，以便执行和监督。

7.4 野外实训注意事项

①野外实训时，应态度严谨认真，注意力集中。不能有嬉戏打闹等行为，否则会惊走鸟类，影响观察。

②尽量穿深颜色衣服(如黑色、灰色、草绿色等)，不要穿颜色太鲜艳的衣服(如红色、白色等)，以免影响观察。

③观察时，教师走在前面，行进时要求队伍动作迅速、保持肃静。

④发现鸟巢和数量较少的保护动物，应加以保护，不能故意惊扰或伤害。

⑤在野外绝对禁止个人单独行动。

⑥爱护生态环境，不得随意丢弃垃圾；不随意采摘或损坏花卉、苗木和农作物；不在野外随意使用火种，要按照实训地单位管理规定使用明火，发现火患及时上报有关部门。

⑦发扬团结协作的精神，积极完成各项活动与任务；实训过程中认真听讲，做好记录。

⑧爱护公共财物，遗失或损坏公物，按照相关规定加以赔偿。

7.5 预防野外实训突发事件

导致野外实训突发事件主要有自然因素和人为事故。

(1)自然因素

①气象灾害　如暴雨洪水、高温、雷电、大风、风暴潮、寒潮低温、雪灾、雹灾和干旱等。

②地质灾害　如地震、火山喷发、滑坡、崩塌、泥石流等。

③生物灾害　如有毒植物、有毒动物(如蚊虫、毒蛇等)和猛兽等。

自然事故预防需在实训方案实施前，广泛收集实训区域自然地理和自然灾害资料，研究该区域自然灾害的时空规律，咨询当地地质、气象等部门，及时获得有关预警信息，尽量避免在自然灾害高发区域和多发时段进行野外实训，或者根据预警信息和气象、地质部门的灾害预报，在自然灾害发生之前的安全时间撤出不安全区域。

(2)人为事故

人为事故指野外实训过程中由于人的失误和过错而引发的事故，在教学实践中较为普遍。这类事故可通过规范实践教学相关活动来降低发生概率。规范活动包括规章制度、技术要求、安全教育等。这是控制事故发生的最基本保障。

在野外，再好的安全措施和技术可能也无法完全避免突发事件的发生。因此，野外实训的带队教师需具备一定的野外突发事件的应急处置知识。

7.6 实训作业

①为加强湿地公园鸟类多样性保护，应设计一份怎样的科学合理的调查方案?

②在地形复杂的山地森林中进行鸟类调查，如何设计调查方案才能获得较为充分的信息?

第8章 | 鸟类的野外识别

8.1 实训目的及意义

在野外准确地识别鸟种是进行多样性调查和鸟类生态研究的前提。通过鸟类学野外实训，可以让学生掌握快速、准确的鸟类野外辨识方法，了解鸟类各类群与栖息环境之间的关系，进一步巩固已学的鸟类学基础知识，提高学生的野外实践能力。

8.2 实训内容

鸟类经过长期的演化，形成了多样的类群和丰富的物种。不同的类群和物种之间，在形态、大小、鸣声、行为和生态习性方面存在着不同程度且相对稳定的差异，这使鸟类的野外辨识成为可能。一些鸟类外形特征明显，如戴胜(*Upupa epops*)、鸳鸯(*Aix galericulata*)、反嘴鹬(*Recurvirostra avosetta*)等，容易辨识，而多数鸟类为外形相似的近缘种，对这些鸟类的辨识常常需要综合多种特征进行判断。一般情况下，野外观察的过程中可以根据鸟类的形态、大小、羽色、鸣声、行为，以及栖息生境和分布区域等，综合判断并确认鸟类的种类和类群，甚至可以确定年龄和性别等信息。

8.2.1 形态特征

在野外进行鸟类辨识，由于受到时间、距离和环境条件的限制，迅速抓住鸟类的形态特征是正确辨识鸟类的关键。

(1)身体形状与体长

鸟类在形状上的细微差别，常常是野外鉴别鸟类最重要的参考。由于相同类群的鸟类有相似的外形和比例，可以根据体型上的差异，把鸟类的外部轮廓作为剪影，特定的头、翅、尾及不同的大小作为线索，帮助识别者找到相应的类群(图8-1、图8-2)。在野外，人们很难断定鸟确切的体长，大部分人参考环境目标估计观察到的鸟的大小，再以熟知的鸟为标准去比较，得出目标类群。

①像柳莺体型大小的鸟　灰腹绣眼鸟(*Zosterops palpebrosus*)、灰冠鹟莺

图 8-1　陆栖常见鸟类形态剪影(仿郭冬生，2007)

1. 白鹇；2. 环颈雉；3. 普通鵟；4. 雕鸮；5. 红隼；6. 白腰雨燕；7. 戴胜；8. 山斑鸠；9. 白喉扇尾鹟；10. 棕背伯劳；11. 大斑啄木鸟；12. 宝兴歌鸫；13. 黑喉石䳭；14. 大杜鹃；15. 栗臀䴓；16. 大山雀

图 8-2　湿地常见鸟类形态剪影(仿郭冬生，2007)

1. 黑鹳；2. 黑颈鹤；3. 灰鹤；4. 苍鹭；5. 大杓鹬；6. 斑头雁；7. 普通鸬鹚；8. 凤头䴙䴘；9. 绿头鸭；10. 黑翅长脚鹬；11. 白骨顶；12. 红嘴鸥；13. 凤头麦鸡；14. 扇尾沙锥；15. 金眶鸻；16. 夜鹭；17. 普通翠鸟

(*Seicercus tephrocephalus*)、红头长尾山雀(*Aegithalos concinnus*)等，体长 80~120 mm。

②像麻雀体型大小的鸟　西南灰眉岩鹀(*Emberiza godlewskii*)、田鹨(*Anthus richardi*)、树鹨(*Anthus hodgsoni*)、白腰文鸟(*Lonchura striata*)、大山雀(*Parus major*)、黑头金翅雀(*Chloris ambigua*)等，体长 150~170 mm。

③像八哥体型大小的鸟　丝光椋鸟(*Spodiopsar sericeus*)、乌鸫(*Turdus mandarinus*)、黑枕黄鹂(*Oriolus chinensis*)等，体长 200~250 mm。

④像家鸽体型大小的鸟　珠颈斑鸠(*Streptopelia chinensis*)、山斑鸠(*Streptopelia orientalis*)、大杜鹃(*Cuculus canorus*)等，体长 300~350 mm。

⑤像喜鹊体型大小的鸟　灰喜鹊(*Cyanopica cyanus*)、红嘴蓝鹊(*Urocissa erythroryncha*)、灰树鹊(*Dendrocitta formosae*)、褐翅鸦鹃(*Centropus sinensis*)等，体长 400~450 mm。

⑥像白鹭体型大小的鸟　牛背鹭(*Bubulcus ibis*)、池鹭(*Ardeola bacchus*)、夜鹭(*Nycticorax nycticorax*)等，体长 450~600 mm。

⑦像鹰体型大小的鸟　普通鵟(*Buteo japonicus*)、凤头蜂鹰(*Pernis ptilorhynchus*)、松雀鹰(*Accipiter virgatus*)等，体长 300~600 mm。

但是，在距离较远及晨昏、雾天、雨天的低光照条件下，鸟体大小较难准确判断。鸟类有时也会改变它的外形，如冷天比热天大，这是因为蓬松羽毛更保暖的缘故。有些鸟在性别上也有差异，如猛禽中雄性比雌性体型小。

(2)喙的形状

为了适应不同类型的食物，鸟类形成了形态各异的鸟喙(图 8-3、图 8-4)。鸟喙是取食、撕裂或切碎食物的工具。栖息在不同生境中的鸟类，它们的鸟喙形态产生了各种变化，以适应鸟类在林内、空中、湿地摄食各种类型的食物。

①食虫鸟　以昆虫等无脊椎动物为主要食物，这类鸟的喙形态多样。有些鸟的喙长而强壮，能掘入土里，觅食土壤和草丛中的昆虫、软体动物等，如虎斑地鸫(*Zoothera aurea*)、仙八色鸫(*Pitta nympha*)和戴胜等；有些鸟的喙较细长，呈镊子状，在树枝上捕食缝隙及树皮中的昆虫，如滇䴓(*Sitta yunnanensis*)、高山旋木雀(*Certhia himalayana*)等；有些鸟具凿子般的喙，能在树上凿洞捕食，如大斑啄木鸟(*Dendrocopos major*)、星头啄木鸟(*Dendrocopos canicapillus*)等。

②掠食性鸟类　以猛禽为主，其喙强大末端带有钩，适合撕碎捕猎物，如苍鹰(*Accipiter gentilis*)、猎隼(*Falco cherrug*)、乌林鸮(*Strix nebulosa*)等。

③植食性鸟类　以花蜜为食的鸟类具细而长，且常向下弯的喙，喙的长度和弯曲度与花的形态相关，如朱背啄花鸟(*Dicaeum cruentatum*)、叉尾太阳鸟(*Aethopyga christinae*)等。以谷类为食的鸟类具有较粗的尖锥形喙，并具锐利的切

缘，利于切割和压碎食物，有些喙强烈地弯曲，其喙的大小和厚度与种子的大小及硬度相关，如红腹角雉（*Tragopan temminckii*）、白颊山鹧鸪（*Arborophila atrogularis*）、蓝喉拟啄木鸟（*Psilopogon asiaticus*）等。个别种类具形态独特的鸟喙，如白翅交嘴雀（*Loxia leucoptera*）的喙上下交叉无法对齐，这是为了方便它从鲜松果中取出松子；双角犀鸟（*Buceros bicornis*）巨大的喙适于取食大型果实。

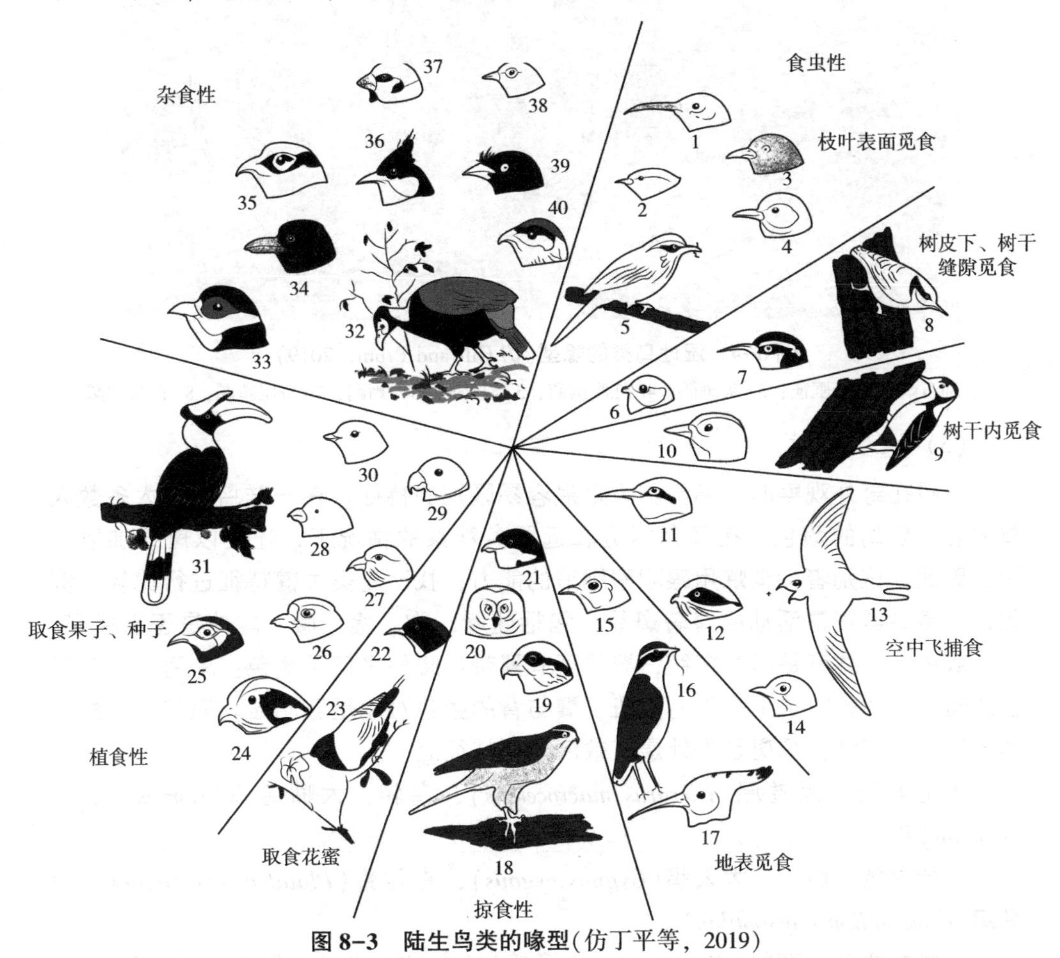

图 8-3 陆生鸟类的喙型（仿丁平等，2019）

1. 纹背捕蛛鸟；2. 黑眉柳莺；3. 四声杜鹃；4. 大山雀；5. 高山旋木雀；6. 滇䴓；7. 大斑啄木鸟；8. 星头啄木鸟；9. 绿喉蜂虎；10. 普通夜鹰；11. 普通雨燕，12. 北灰鹟；13. 虎斑地鸫；14. 仙八色鸫；15. 戴胜；16. 苍鹰；17. 猎隼；18. 乌林鸮；19. 栗背伯劳；20. 朱背啄花鸟；21. 叉尾太阳鸟；22. 红腹角雉；23. 白颊山鹧鸪；24. 蓝喉拟啄木鸟；25. 白翅交嘴雀；26. 普通朱雀；27. 花头鹦鹉；28. 灰头绿鸠；29. 双角犀鸟；30. 白尾梢虹雉；31. 藏马鸡；32. 大嘴乌鸦；33. 白冠长尾雉；34. 红耳鹎；35. 麻雀；36. 红胁绣眼鸟；37. 八哥；38. 中华鹧鸪；39. 红尾噪鹛；40. 棕颈钩嘴鹛

④涉禽　喙形变化较大（图 8-4），涉禽常在水边或浅水处啄食小型水生动物，在地表挖穴为巢，有的喙短而直，如翻石鹬（*Arenaria interpres*）；有的喙长而

微上翘，如斑尾塍鹬（*Limosa lapponica*）；有的喙长而下弯，如白腰杓鹬（*Numenius arquata*）。

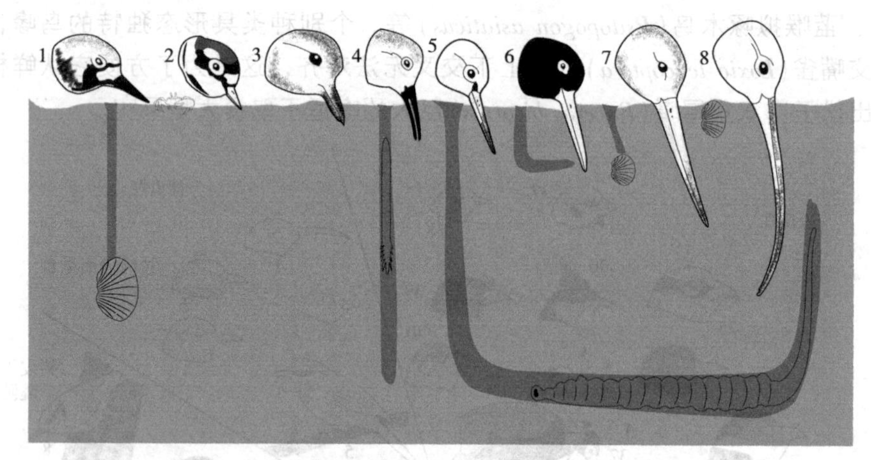

图 8-4 湿地鸟类的喙型（仿 Gill and Prum，2019）

1. 翻石鹬；2. 金眶鸻；3. 灰斑鸻；4. 红腹滨鹬；5. 红脚鹬；6. 蛎鹬；7. 斑尾塍鹬；8. 白腰杓鹬

（3）羽色与斑纹

一般在野外观察时，鸟类羽毛是最容易区别的特征。在一群鸟中，大多数人首先注意到鸟的颜色。在颜色相近和远距离观察的情况下，还要以斑纹加以识别，因此，识别者需锻炼用眼观察细节的能力，找出鸟类关键特征进行比较。例如，看清鸟类正常活动的显著斑纹，包括翅膀、胸、腹、腰、尾处是否有横斑、纵斑或斑点；体背是否有斑纹，翼是否有翼带；腰部呈何种颜色；尾羽是否有明显的斑纹；飞行时翼上是否有翼斑，翼与背的颜色对比是否明显。通常，观察鸟类停歇时，斑纹、翼斑是野外最有效的鉴别特征之一。

①全黑色　黑卷尾（*Dicrurus macrocercus*）、乌鸫、大嘴乌鸦（*Corvus macrorhynchos*）等。

②全白色　白鹭、大天鹅（*Cygnus cygnus*）、白琵鹭（*Platalea leucorodia*）、白马鸡（*Crossoptilon crossoptilon*）。

③黑白两色　喜鹊（*Pica pica*）、白鹡鸰（*Motacilla alba*）、鹊鸲（*Copsychus saularis*）、凤头潜鸭（*Aythya fuligula*）、反嘴鹬等。

④灰色为主　岩鸽（*Columba rupestris*）、普通䴓（*Sitta europaea*）、灰鹤（*Grus grus*）、原鸽（*Columba livia*）、大杜鹃、大鹃鵙（*Coracina macei*）等。

⑤灰白两色　灰头麦鸡（*Vanellus cinereus*）、池鹭、灰山椒鸟（*Pericrocotus divaricatus*）、灰喜鹊等。

⑥蓝色为主　红胁蓝尾鸲（*Tarsiger cyanurus*）、大仙鹟（*Niltava grandis*）、蓝额红尾鸲（*Phoenicuropsis frontalis*）等。

⑦绿色为主　灰头绿啄木鸟(*Picus canus*)、黄腰柳莺(*Phylloscopus proregulus*)、蓝须夜蜂虎(*Nyctyornis athertoni*)、蓝翡翠(*Halcyon pileata*)、普通翠鸟(*Alcedo atthis*)、西南橙腹叶鹎(*Chloropsis hardwickii*)等。

⑧褐色(棕色)为主　白颊噪鹛(*Garrulax sannio*)、宝兴歌鸫(*Turdus mupinensis*)、西南灰眉岩鹀、麻雀(*Passer montanus*)等。

⑨黄色为主　黑枕黄鹂、黄斑苇鳽(*Ixobrychus sinensis*)、大麻鳽(*Botaurus stellaris*)、黄鹡鸰(*Motacilla tschutschensis*)等。

⑩红色(棕红)为主　红隼(*Falco tinnunculus*)、棕背伯劳(*Lanius schach*)、酒红朱雀(*Carpodacus vinaceus*)等。

(4)其他形态特征

有些鸟类还具有其他特别的形态可供鉴别，如凤头鹰(*Accipiter trivirgatus*)和冠鱼狗(*Megaceryle lugubris*)等的冠羽、白鹭和夜鹭(*Nycticorax nycticorax*)等的头部饰羽、蓑羽鹤(*Grus virgo*)的蓑羽、长耳鸮(*Asio otus*)和雕鸮(*Bubo bubo*)的耳羽、黄腹角雉(*Tragopan caboti*)的肉角和肉裙、秃鹫(*Aegypius monachus*)裸露的头皮、黑脸琵鹭(*Platalea minor*)脸部裸皮等。

8.2.2 行为与习性

鸟类一般都具有特定的行为特征，了解并识别这些特征是鸟类野外辨识的重要辅助手段，尤其是在距离较远、光线条件不足，或观察时间较短的情况下，行为特征通常较外形特征更容易被察觉。

(1)停栖姿势

鸟类处于停栖状态时是观察的好时机。不同的鸟类在停栖位置、停栖姿态和停栖动作等方面不尽相同(图8-5)。如夜鹭蜷缩颈部单脚站立在水塘上方的树枝上、栗苇鳽(*Ixobrychus cinnamomeus*)则在草丛中伸直脖子站立、啄木鸟习惯沿着树干攀爬、鹬类多数边行走边低头觅食、鸸类则是双脚抓在树干上，头向上昂起。

(2)飞行姿态

鸟类的飞行行为也不尽相同。根据鸟类飞行轨迹、翱翔时翅的伸展状态、起落特点、扇翅频率的不同可将鸟类分成不同的飞行类型。

①大波浪式行进　用力压翅，身体向前上方，收翅时抛物线一样下降，形成正弦曲线状飞行轨迹，如戴胜。

②小波浪式行进　姿态同上，但幅度较低，如白鹡鸰、树鹨。

③直线式行进　翅膀一刻也不停止扇动，如麻雀、小嘴乌鸦(*Corvus corone*)。翅膀扇动一会，停止一会，不断反复，如珠颈斑鸠。

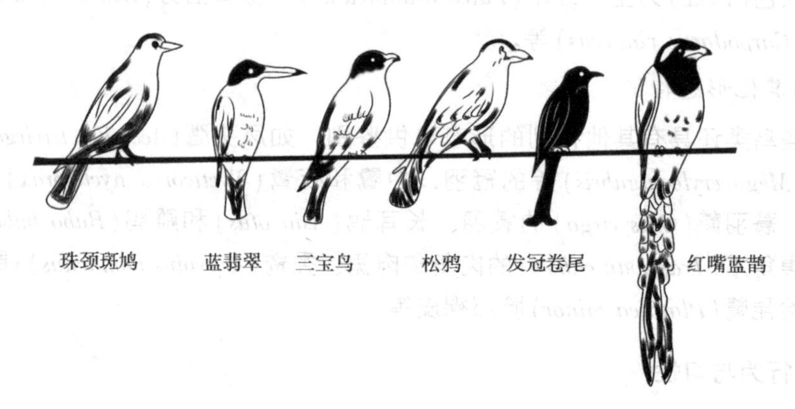

图 8–5 某些鸟类的停栖姿态(仿于晓平和李金钢，2015)

④空中定点振翅、悬停 如红隼、黑翅鸢(*Elanus caeruleus*)。

⑤空中盘旋、长时间滑翔 飞行时利用上升气流，张开翅膀，就像画圆一样，一圈一圈地上升，如普通鵟。

⑥垂直起飞与降落 如小云雀(*Alauda gulgula*)。

⑦空中绕圈返回树枝 如方尾鹟(*Culicicapa ceylonensis*)、黑卷尾。

(3)特殊习性

有的鸟类具有独特的习性，这些习性有时是判定鸟种的最好线索。例如，啄木鸟习惯沿着树干攀爬，边爬边用坚硬的喙敲击树皮；环颈鸻等部分鸻类是“跑动几步一停下一取食”的觅食方式；鹨类喜欢在地面静静地觅食，遇到行人则惊飞到附近的树枝上停栖；伯劳喜欢把捕到的猎物插树刺上慢慢享用；池鹭喜欢在水畔长时间停立，等待鱼儿游来……

8.2.3 鸣声识别

鸟类的鸣声有很多特点，是辨别种类的主要方法之一。每种鸟有自己不同的鸣声，特别是鸣禽类在繁殖时期的叫声有吸引异性、驱除对手、占据领地等作用。

①粗粝嘶哑 叫声单调、嘈杂、刺耳，如池鹭的“kwa”声、绿孔雀(*Pavo mu-*

ticus）的重复“ki-wao”或“yee-ow”、黄嘴栗啄木鸟（*Blythipicus pyrrhotis*）的怪叫声“kwaa”。

②婉转多变　大多数雀形目鸟类的鸣叫韵律丰富、悠扬悦耳，各有不同，如黑头黄鹂（*Oriolus xanthornus*）的“tu-u-u-liu”和“hu-kwia-lu”叫声、鹊鸲的“suiii-suuh-swiit-swer-swiit-siiuh”叫声、八哥的“chuff-chuff-chuff-chuff”或“creek-creek-creek-creek”声等。有的还能模仿其他鸟鸣叫，如乌鸫、八哥。

③重复音节　清脆单调，多次重复。重复一个音节的有山鹪莺（*Prinia crinigera*）发出“tew tew tew”的重复叫声、普通夜鹰（*Caprimulgus indicus*）的“foo-foo-foo-foo……”似机关枪声等；重复二音节的有大杜鹃的“cuck-oo、cuck-oo……”声等；重复三音节的有大山雀“chach-ach-ach”的叫声、强脚树莺（*Horornis fortipes*）“tyit tyu-tyu”、中华鹧鸪（*Francolinus pintadeanus*）的“kak-kak-kuich”声等；重复八九个音节的有八声杜鹃（*Cacomantis merulinus*）“tee-tee-tee-tee-tita-tita-tita-tita-tee”等。

④尖细颤抖　多为小型鸟类。飞翔时发出的叫声，似摩擦金属或昆虫翅膀的声音，既颤抖又尖细拖长，如暗绿绣眼鸟（*Zosterops japonicus*）“peet-peet”声、普通翠鸟的“chee-chee”声、红头长尾山雀的“chet”声等。

⑤低沉　单调沉重，如山斑鸠“grrruh-grrruh……cooooh……cooooh”、褐翅鸦鹃“hoop”等。

8.2.4　季节和栖息地辅助识别

许多鸟类具有随季节变化往来于繁殖地和越冬地的迁徙习性。据此，鸟类学家将鸟类划分为留鸟、夏候鸟、冬候鸟、旅鸟、迷鸟几大类。在实际工作中，结合对不同鸟类栖息、活动环境的认知，可以帮助我们对某一季节特定环境内可能出现的种类进行大致的判断。

鸟类的生活栖息地可以大致分成森林、灌丛、荒漠、草原、农田、湿地和海岸，它们互有重叠，而大部分鸟类也需要混合的栖息地，也有一些鸟类只栖息某些地区，如分布湿地的鸥类便不会出现在落叶林树上。这样，根据生态类群划分，每到一地，可以结合当地生态环境类型，判断出该地区可能有什么类型的鸟类，掌握鸟类分布规律，缩小观察种数，达到辅助识别的作用。

（1）森林生境

森林生境基本涵盖广大山区。森林是一些鸟类重要的栖息地，有针叶林、阔叶林、针阔混交林等。我国森林面积有限，却承担起为鸟类提供避难所和食物来源的任务。鸣禽、攀禽、猛禽等众多鸟类分布在不同垂直带，从树冠层到地面层，从朽木到石缝均有其活动的身影。在同一片森林的不同空间层次也可以看到不同的鸟。在森林中，鸟类可以在不同的生境下筑巢和繁殖，选择不同的食性，有的鸟类在林中寻找昆虫；有的在采集嫩芽、浆果和种子。森林中大部分鸟类都具备不同的颜色，如绿色、黄色、红色等。森林鸟类通常在林缘区域内数量最多。

(2)人工生境

人工生境指农田、公园、果园、城镇、村落等地区，如喜鹊、乌鸦、麻雀等在这些生境中栖息。

(3)湿地生境

湿地生境包括沼泽、湖泊、河流和海岸等。鸟类在湿地的适应性反映在鸟的身体结构上，涉禽的长腿可以进入浅水区搜寻生物；游禽将油脂涂在羽毛上防水，使其能漂浮在深水区，帮助其更好入水和出水；潮涨潮落后的沙滩和滩涂地区，无脊椎动物极为丰富，以之为食的鹬类和鸻类广为分布。

需要注意的是，鸟类的观察一定要在尽可能降低人为干扰的情况下进行，更不应该做出引诱、驱赶、投食、破坏栖息地和隐蔽场所等行为。特别是在鸟类繁殖期、身体衰弱时，应避免过度干扰。总之，鸟类的福祉永远大于人类的观察行为！

8.3 实训作业

①观察并记录实训地鸟类的组成，比较不同栖息地鸟类组成的差异。

②根据自己观察记录的鸟类，总结不同鸟类类群的识别技巧。

第9章 | 鸟类多样性调查

9.1 实训目的及意义

鸟类种类繁多，分布广泛，在生态系统中占据极其重要的位置。鸟类大多具有鲜艳的羽色，有鸣叫的习性，容易被观察，是野生动物调查和监测的主要类群。鸟类的组成、数量和多样性指标常被作为衡量一个地区自然环境及生态系统是否健康完整的依据。通过对几种常见鸟类调查方法的学习和实践，调查者可理解鸟类多样性研究的工作原理，掌握工作步骤和数据处理方法，为后续开展自然保护地科学考察和濒危物种的调查与研究奠定基础。

9.2 实训内容

鸟类多样性调查的主要任务是在特定时间和空间的调查区域对鸟类种类和个体数量进行观察统计，以及尽可能准确地获得调查区域鸟类物种数量和相关的生态数据。由于鸟类种类繁多，分布广泛，栖居生境多样，行为习性复杂，加上影响鸟类调查精确性的因素不仅有各种自然因素，还有调查者识别鸟类的能力、观察是否敏锐等人为因素。这些因素错综复杂地交织在一起，使每种调查方法都有一定局限性。

通常情况下，要对一个区域的全部鸟类进行普查十分困难，因此，需要采用抽样的方法，选择代表性的样线(样点)进行调查。但如果由调查者自由选择调查地点，往往会优先选择交通便利，或是自己认为某个(某些)物种丰富度较高的地点，这会使调查数据不能很好地代表整个调查区域。采用抽样方法选择调查样地能克服这一不足。抽样方法有多种，如随机抽样(simple random sampling)、分层抽样(stratified sampling)和系统抽样(systematic sampling)等。

在实践中，要完全做到随机抽样是很难的，而分层抽样可依照生境类型、被干扰程度和植被类型等分成多个不同的层次，其应用范围更为广泛。选择何种抽样方法最终取决于在监测项目中使用该方法的效率和能否贯彻执行。抽样单元的数量和大小都会对调查结果产生影响。与抽样单元的大小相比，数量更影响调查结果的精确度，抽样单元越多，调查结果就越精确。但监测项目往往受资金和人员的限制而无法达到需要的抽样单元数量。选择合适的监测方法可以增加抽样单元数量，如采用耗时短、人力资源投入少的方法就可以在同样的时间内调查更多的单元。

在实际操作过程中，通常需要根据具体的研究地区和调查对象的特点，按照取样的原则，采用合适的监测方法进行调查。常见的鸟类调查方法包括标图法、样线法、样点法、名录法、网捕法、鸣声回放法、痕迹法、红外相机陷阱法和调查访问法等，有时需要几种方法同时使用。下面介绍几种常用的调查方法。

9.2.1 样线法

样线法是鸟类多样性调查中最常用的方法。样线法属于非密度估计的相对数量指数测定法，特点是简单易行，不受时间限制，适用于大多数地形，能在较短的调查时间内覆盖较大调查区域和各种生境类型，快速获得调查区域鸟类物种多样性名录和各种鸟类个体相对丰富度的数据资料。

样线法在鸟类调查的实际运用中需要满足下列前提条件：鸟类不因调查人员的存在而进出样线；样线内鸟类个体能被及时发现和鉴别；所有鸟类个体不会被遗漏或重复记录；鸟类个体到样线的距离被准确测量；每次鸟类样线调查相互独立。在野外进行鸟类的数量调查时要完全符合上述 5 个条件是比较困难的，经验丰富的调查人员可以通过预查、复查等各种有效方法尽可能地减少调查结果的误差。

调查样线按生境类型、海拔梯度分层取样的情况较为常见，不同样线所获数据很容易进行对比，用来分析不同生境类型、海拔梯度的鸟类物种多样性的差异。可以按照生境斑块的比例设置每种生境内调查样线的总长度，同时兼顾海拔等因素，尽可能地做到抽样的客观合理。在进行样线调查时，调查者的行进速度通常为 1.5~3 km/h，样线的长度一般在 1.5~3 km。鸟类调查最优时间为日出后和日落前的 2~3 h，阴天时可适当延长调查时间。

调查时只记录路线两侧和前方看到和听到的鸟类种类和个体数量，由前方向调查者身后飞行的鸟应记录，而从调查者身后向前方飞行的鸟不记录，以免重复记数。听到鸟类鸣叫能确定种类的也应记录。一般在繁殖季节调查中，借助鸣唱声记录到的个体大多数是雄鸟，可以根据具体鸟类种类的配偶形式校正，例如，“一夫一妻”单配制的鸟类种类要乘 2 才能代表雄鸟和雌鸟的密度。多配制鸟类种类要依据具体的性比来确定校订系数。调查时，调查者应保持匀速行进，只有在记录时才可以停下来，而且要尽快记录，然后恢复行进调查。除了鸟类种类、数量等信息，还需记录生境、干扰、样线起终点坐标、样线长度等(详见附录一附表 1)，以便后期开展数据处理和分析工作。

每条样线仅做 1 次调查并不能反映鸟类种类和数量的真实情况。一般要求调查结果达到记录调查地域内所有鸟类的 75%以上，因此，每条路线应重复调查

4~6 次。如果是短时间、大范围的快速调查，则至少保证每条路线进行 2~3 次调查。样线法也存在很多局限性，如对行为隐蔽、少鸣唱、夜间活动的鸟类来说，仅依靠视觉和听觉的样线法进行调查，往往调查到的种类不完全。

9.2.2 样点法

样点法是一种特殊的样线，即调查者行走速度为零的样线法，因此，运用于样线法的各种假设条件均适用于样点法。样点法适合在不便设置调查样线的崎岖山地、生境破碎化程度较高的地段开展调查。在湖泊、水库、沼泽、海岸等湿地生境进行的水鸟种类和数量调查也可以视为样点法。

在调查样区设置一定数量的样点，调查样点应用随机抽样或系统抽样方式确定，样点数量应有效地估计大多数鸟类的密度。如果时间和人力充足，调查样点越多，调查效果越好。在固定半径样点法中，样点与样点之间的距离应在 100 m 以上；在可变半径样点法中，样点间距不少于 200 m。每个样点观察和记录的时间以 5~10 min 为宜，调查时间过长虽然使观察者有更多时间去鉴别种类，增加发现新鸟类种类的机会，但增加了同一个体被重复记录的可能性，也使得鸟类有足够时间从远处进入样点记录区域导致调查结果不准确。采用样点法调查时，每个样点需至少完成 2 次独立的调查。

样点法调查具体步骤为：安静到达样点后，以调查人员所在地为样点中心，观察并记录四周发现的鸟类、数量、距离样点中心距离、影像等信息。每个样点的计数时间为 5~10 min，每种鸟类只记录一次，对于飞出又飞回的鸟不重复计数。如果在规定统计时间内所记录的鸟类种类不清，允许统计时间过后进行观察以确定其种类。与其他方法比较，样点法在固定点所花时间较长，同一个体被重复记录的可能性也相对较大。

9.2.3 名录法

名录法是一种被广泛使用于各种类型鸟类和栖息地的鸟类数量测定方法，适用于在鸟类本底数据比较缺乏的区域开展鸟类数量的快速评估，也适合本科同学在实训时使用。名录法最基本的原理就是通过收集和比较不同调查者在某一特定区域内记录到的鸟类名录，通过每一种鸟类在名录中的出现频次，来粗略地确定该种鸟类的相对多度。一般而言，常见鸟类会在许多名录中出现，而偶见种只在少数名录中出现。当然，如果调查者在某一区域调查时间越长，所得到的鸟类名录就可能越多。同时，鸟类名称的出现率还受鸟类名录多少的影响，名录数量越多就越准确。根据使用条件的不同，常用的名录法有限时名录法（timed species counts）和马敬能名录法（McKinnon list）。

(1)限时名录法

限时名录法，又称 TSC 法，是指通过在一段限定的时间内进行鸟类调查而获得鸟种名录的方法。限定的时间则根据调查区域的大小来确定，可以是 1 h(在相对较小区域)，也可以是 1 d(在较大的区域)。通过重复调查，调查者就可得到某一鸟类种类在所有名录中的出现频次。当然，为了获得较为可信的鸟类相对丰度指数，名录法至少需要参考 15 个名录(即重复调查次数)。

调查过程中，观察者在调查区域内以较慢的行走速度进行鸟类调查，记录所有发现的鸟类(包括飞过的，以及远距离鸟类)。一般而言，调查只需记录一定时段(如 1 h)内的鸟类，而之后被发现的鸟类个体可以忽略不计。同时，还需记录每种鸟第一次被看见的具体时间。每一调查区域应至少进行 10 次重复调查，最好达到 15~20 次，而每次调查的具体时间也应有所变化，尽可能地考虑在全天的不同时段进行。

TSC 法中最为简单的数据处理方法是指数计算方法，即将一次 1 h 野外调查数据以每 10 min 为一时段分为 6 个等级，并对每一等级赋予一定分值。例如，在第一个 10 min 内记录到的鸟类为 6 分，第二个 10 min 内(10~20 min)记录到的鸟类为 5 分，第三个 10 min 内(20~30 min)记录到的为 4 分，依此类推，对于 6 个时段内均未记录到的种类记为 0 分。然后，对所有 1 h TSC 法所获鸟类名录重复这一划分与赋值过程。最后，算出每种鸟类在所有 1 h TSC 统计中的得分平均值，并以该平均值作为鸟类的相对丰度指数。

(2)马敬能名录法

马敬能名录法，又称 *X* 种名录法(*X* species list)，观察者可尽可能覆盖整个调查域的自然小道等已有道路，或穿过没有道路的茂密栖息地外围开阔地，并以较慢的行走速度进行鸟类调查。该方法可进行全天调查以获得鸟种名录，还可记录调查区域其他相关的详细信息，如海拔、栖息地类型、坡度和坡向等栖息地特征参数，以及天气信息等，用于开展更为深入的数据分析。如果对调查面积进行标准化，其结果还可有效地用于调查地间的比较分析。

马敬能名录法最重要的特点是按特定名录长度(*X*)单位(而不是按时间长度单位)列出野外调查所遇到的(看到和听到的)鸟类的名录(*X* 可以是 10、15、20 等)。例如，在某一地区以每 10 种鸟类为名录长度单位进行野外调查时，先将记录到的第 1~10 种作为一个名录单位(list)，即第Ⅰ名录单位，然后将第 11~20 种划为第Ⅱ名录单位，第 21~30 种为第Ⅲ名录单位，依此类推。一般而言，此过程应一直持续到至少获得 10~15 个名录单位。当然，一般鸟类种类越丰富的地区，所需的名录长度越长，反之则越短。在具体的工作中，调查者可根据实际情况，确定其最为合适的名录长度单位。

随着名录单位的增加，每一名录单位内新记录的鸟类种类数将不断下降，而记录到的累计鸟类种类数将不断增加，最终达到相对稳定。此时，可用每种鸟类在总名录单位中的出现比例或频次代表其数量的相对丰富度。还可以用最高累计鸟类种类数反映调查地区的鸟类种类丰富度，进而可进行地区间的鸟类种类丰富度比较。

马敬能名录法要逐一列出所有在调查过程中遇到的鸟类种类，对于那些不能及时鉴别出种类的鸟类种类可以先做记录，过后可依据拍摄的照片、野外经验的积累和鉴别水平的提高补上确切的鸟名。

以上介绍的样线法、样点法和名录法存在很多不足之处，如不同种类的鸟对调查者的反应不同，有些鸟可能被吸引，有些鸟可能被吓跑，也有些鸟可能没有反应，因此，会造成鸟类密度过高或过低的估计；在一些植被非常茂密的栖息地内，也可能会出现所有鸟类个体全部被遗漏的情况。

9.2.4 红外相机陷阱法

相比传统方法，红外相机技术具有诸多优势，如可以持续工作，不易受天气和地形等环境因子的影响，可节省资金和人力，减少对动物的干扰，尤其对于夜行性和行为隐蔽物种的调查优势明显。近年来，该技术越来越多地被应用于调查和监测鸟类多样性。但是其局限性也十分明显，林下层及地面层活动的鸟类为绝对优势类群，对林冠层鸟类的拍摄十分有限。红外相机拍摄到的鸟类数量还与安放地点的地形和植被条件、红外相机数量、安放时间长短、设定的拍照参数等因素有关，应将红外相机安放在鸟类经常活动的地点。野外布放的红外相机数量越多、相机在野外工作的时间越长，拍到的鸟类种类和数量就越多。红外相机陷阱拍摄法虽存在技术上的不足，但其具有连续 24 h 监测等优点，是森林鸟类调查方法的重要补充。

不同实训基地的植被类型特点或海拔梯度变化不同，一般采用分层抽样的方法将基地划分为不同等高海拔带，按照每个海拔带和植被类型的面积进行等比例布设，结合保护区内地形条件及人为可到达等因素，将相机置于鸟类经常活动，以及有明显活动痕迹处(如粪便、足迹、水源等)。为避免数据的假重复，将两台相机间布设直线距离大于 500 m。将红外相机固定于距离地面 60~80 cm 高的树干上，确保红外相机视野内无杂草，视野开阔，避免太阳光直射。在红外相机正常工作后，记录每台相机的编号、安装日期、海拔及 GPS 位点等信息。

一般红外相机参数设置时，拍照、视频分辨率像素均设置为最高，拍照模式根据不同的场景进行设置。拍摄模式设置为混合拍摄，即连续拍摄 3 张照片并录制一段 10 s 的视频，连续两次拍照间隔设置为 1 s，在此模式下进行全天候监测。拍摄照片是为了进行数据处理分析，录制视频是为了便于目标物种的鉴定。相机电池及内存卡需每间隔3个月更换1次。

9.2.5 数据分析方法

(1)物种组成

首先要对调查区域内观测到的鸟类种类和数量进行记录，对于观测时较难鉴别的鸟类采用相机记录，并参照《中国鸟类野外手册》(马敬能等，2022)、《中国鸟类观察手册》(刘阳和陈水华，2021)等进行识别鉴定。然后统计记录到鸟类所属的目、科、属、种，一般参考《中国鸟类分类与分布名录》(郑光美，2023)。此外，还会统计鸟类的居留类型、区系特征、保护等级等，可参考《中国动物地理》(张荣祖，2011)、《国家重点保护动物名录》(国家林业和草原局等，2021版)、《中国脊椎动物红色名录》(蒋志刚，2020)等。

(2)物种累计曲线

物种累积曲线可用于描述随着抽样量的加大、物种增加的状况，是理解调查样地物种组成和预测物种丰富度的有效工具。在生物多样性和群落调查中，其被广泛用于抽样量充分性的判断及物种丰富度的估计。

客观原因限制，大多数鸟类多样性和群落调查无法做到全面系统的调查，只能是抽样调查。抽样调查中，如果不对抽样量是否充分进行考察，就不能确定调查结果是否能够真实反映物种存在的状况，其科学性就令人质疑。因此，需要通过物种累积曲线来判断抽样量是否充分。在抽样量充分的前提下，可运用物种累积曲线对物种丰富度进行预测，保证抽样的科学性。

利用物种累积曲线判断抽样量是否充分是根据曲线的特征来判断的：如果曲线一直急剧上升，几乎为直线，表明抽样量不足，需要增加抽样量；如果曲线在急剧上升后变为一条渐近线，上升舒缓，则表明抽样充分，可进行数据分析。可以利用EstimateS软件、R语言vegan程序包中的specaccum函数和iNEXT包等绘制物种累积曲线图。

此外，物种丰富度通常被视为决定保护价值的最重要标准之一，获得可靠的物种丰富度估计值是多样性保护的一个重要目标，可以利用EstimateS软件中提供的常用的估计方法如ACE(abundance-base coverage estimator)、ICE(incidence-based coverage estimator)、Chao1、Chao2、M-M(michaelis-menten)、Jackknife1等进行预测。直接以样本的物种数目而不是物种丰富度估计值来表现群落的物种丰歉状况，可能导致对实际物种数目的过低估计。

(3)物种多样性

根据物种多样性的应用目的和范畴，将物种多样性划分为3类：α多样性、β多样性和γ多样性。α多样性是指群落或生境内的物种多样性，β多样性是指群落间的物种多样性，γ 多样性是指地理区域内（如岛屿）的物种多样性。

物种多样性指数有多种，但其中应用得较为广泛的是 Shannon-Wiener 指数、Simpson 指数和 Brillouin 指数 3 种。

①Shannon-Wiener 指数　有时也称 Shannon 指数。如果从群落中随机地抽取一个个体，它将属于哪个种是不定的，而且物种数目越多，其不定性也越大。因此，有理由将多样性等同于不定性，并且两者用同一度量。所以，可用在信息论中计算熵的、用以表示信息不确定程度的 Shannon-Wiener 指数作为物种多样性指数。Shannon-Wiener 指数的计算公式如下：

$$H = -\sum_{i=1}^{S} P_i \ln P_i \tag{9-1}$$

式中：H——Shannon-Wiener 指数；

P_i——第 i 个物种的个体数（N_i）占所有物种总个体数（N）的比例（$i=1$，2，…，S）。

可见，物种多的取样与分布均匀的群落取样，其 Shannon－Wiener 指数高，而物种的个体数差别很大且又不均匀的群落取样，其多样性就比物种个体数量相当的取样低。

②Simpson 指数　Simpson 指数又称优势度指数。它假设从包含 N 个个体的 S 个种的集合中[其中属于第 i 种的有 N_i 个个体（$i=1$，2，…，S），并且 $\sum N_i = N$]随机抽取两个个体并且不再放回。如果这两个个体属于同一物种的概率大，则说明其集中性高，即多样性程度低。Simpson 指数的计算公式如下：

$$H' = 1-\sum_{i=1}^{S} P_i^2 \tag{9-2}$$

式中：H'——Simpson 指数；

P_i——第 i 个物种的个体数（N_i）占所有物种总个体数（N）的比例（$i=1$，2，…，S）。

③Brillouin 指数　Shannon-Wiener 指数的基本假设是个体随机地取自一个无限的总体。当总体是有限的时，如一个可普查的群落情况下，则应按照 Brillouin 多样性指数计算总体的物种多样性，其计算公式如下：

$$H'' = (1/N)\ln[N!\ /(N_1!\ N_2!\ \cdots N_i!)] \tag{9-3}$$

式中：H''——Brillouin 指数；

N——抽样中所有物种的个体总和；

N_i——抽样中第 i 个物种的个体数量。

(4)物种均匀度指数

物种多样性指数可同时反映群落中物种数目的变化及种群个体分布格局的变化，包括物种丰富度和物种均匀度两个方面。均匀度指群落中不同物种的多度(生物量、盖度或其他指标)分布的均匀程度,是群落多样性研究中十分重要的概念。均匀度指数有 Sheldon 均匀度指数(E_S)、Heip(E_h)均匀度指数、Alatalo(E_a)均匀度指数和 Pielou 均匀度指数(J 或 J_{SW})等。其中,Pielou 均匀度指数(J 或 J_{SW})较为常用,群落的实测多样性(H)与最大多样性(H_{max},即在给定物种数 S 下完全均匀群落的多样性)之比率,即

$$J=\frac{H}{H_{max}}$$

以 Shannon-Wiener 多样性指数为例,Pielou 均匀度指数(J_{SW})为:

$$J(\text{或 } J_{SW})=\frac{-\sum P_i \ln P_i}{\ln S} \tag{9-4}$$

式中:J(或 J_{SW})——相对物种丰富度;

H——Shannon-Wiener 多样性指数;

H_{max}——Shannon-Wiener 多样性指数的最大值;

P_i——第 i 个物种的个体数(N_i)占所有物种总个体数(N)的比例;

S——调查到的单位面积内的物种种类数。

(5)红外相机数据处理

将每台红外相机单独建立 Excel 表格,统计相机编号、动物种类。红外相机在野外独立工作 24 h 作为一个相机有效工作日,30 min 内所拍摄的同一物种照片或视频视为 1 张独立有效照片,30 min 内拍摄的不同物种的照片或者视频也视为 1 张独立有效照片。

利用红外相机独立有效照片的数据即可计算实训地的物种相对丰富度。其利用相对多度指数(relative abundance index,RAI)评估物种种群相对数量。计算公式为:

$$RAI=A_i/N\times 100 \tag{9-5}$$

式中:A_i——第 i 类(i=1,2,3,…,n)动物的独立有效照片或视频数;

N——红外相机独立有效照片总数。

9.3 应用案例

9.3.1 案例一

以位于云南中部的紫溪山冬季鸟类多样性调查为例。西南林业大学野生动物与自然保护区管理专业大学二年级同学会在每年 12 月最后一周进行鸟类多样性调查,参与调查人员 30~40 人,分 5~6 个小组,各小组分别采用样线法、样方法、水禽直数法、红外相机拍摄法等不同调查方法对不同生态类型的鸟类进行观

察和记录。其中，样线法包括了紫溪山的主要生境类型，共设置 10 条样线[包括针叶林样线 3 条，针阔混交林 2 条，常绿阔叶林 3 条，人工生境(包括花卉种植区、寺庙、农田)2 条]，每条样线长度 3 km，样线总长为 30 km。对紫溪山内的天然湖泊和人工水库采用水禽直数法进行湿地鸟类同步调查。采用红外相机法针对雉类等活动隐秘的鸟类进行调查，红外相机布设点选择在曾有雉类出没，或者有雉类足迹、粪便、活动痕迹的林下。通常样线法由 2 个小组分别执行调查，其他 4 种方法各由 1 个小组执行调查。

对 2010—2017 年 8 年间的实训数据进行汇总，调查共记录紫溪山冬季鸟类 177 种，分属 14 目 51 科，占云南省鸟类 945 种的 18.73%，其中雀形目 137 种，占 77.40%；非雀形目 40 种，占 22.60%。记录鸟类中，样线法调查到 155 种、样点法 126 种、直数法记录 6 种、红外相机拍摄 4 种。有 9 种鸟类为楚雄州首次记录，包括池鹭(*Ardeola bacchus*)、绿鹭(*Butorides striata*)、黑鹳(*Ciconia nigra*)、褐林鸮(*Strix leptogrammica*)、领鸺鹠(*Glaucidium brodiei*)、棕胸岩鹨(*Prunella strophiata*)、黄眉柳莺(*Phylloscopus inornatus*)、暗绿柳莺(*Phylloscopus trochiloides*)和蓝须夜蜂虎(*Nyctyornis athertoni*)。其中，以柳莺科和鹟科的鸟类最为丰富，分别为 17 种和 15 种。中国特有种 8 种，占中国鸟类特有种总数的 7.62%，分别是领雀嘴鹎(*Spizixos semitorques*)、宝兴歌鸫(*Turdus mupinensis*)、棕头雀鹛(*Alcippe ruficapilla*)、白领凤鹛(*Yuhina diademata*)、画眉(*Garrulax canorus*)、四川柳莺(*Phylloscopus forresti*)、滇䴓(*Sitta yunnanensis*)和酒红朱雀(*Carpodacus vinaceus*)。

在记录到的鸟类中，国家重点保护种类有 23 种，其中国家一级重点保护鸟类 2 种，即黑鹳和黑颈长尾雉(*Syrmaticus humiae*)，国家二级保护鸟类 21 种，包括蛇雕(*Spilornis cheela*)、白鹇(*Lophura nycthemera*)、褐林鸮(*Strix leptogrammica*)等。列入中国鸟类红色名录的有 15 种，濒危(EN)1 种，即巨䴓(*Sitta magna*)；近危(NT)有灰背隼(*Falco columbarius*)、长嘴剑鸻(*Charadrius placidus*)、银耳相思鸟(*Leiothrix argentauris*)等 10 种；易危(VU)有黑鹳、黑颈长尾雉、滇䴓和蓝须夜蜂虎 4 种。以上珍稀濒危和保护鸟类共计 29 种，占所记录鸟类种数的 16.38%。

9.3.2 案例二

以 2018 年 12 月实训周为例，地点仍然选择紫溪山进行。根据紫溪山植被类型和前期观察，学生在紫溪山的主要研究区布设 5 条调查样线(表 9-1)，尽量穿越不同生境、不同海拔梯度，利用马敬能名录法对该区域进行鸟类多样性调查。若同一条样线重复调查，则应避免在调查时间上的重复。

表 9-1　鸟类学实践教学中利用马敬能名录法在紫溪山布设的样线

序号	起点地名	终点地名	路线长度(km)	生境类型
1	茶花园	紫金山林场	2.5	人工生境、针阔混交林、针叶林
2	老营盘	茶花园	3.5	针阔混交林、人工生境、针叶林
3	老营盘	包头王	3.5	阔叶林、针阔混交林
4	包头王	马惊湖	3.9	针叶林、人工生境、水库
5	紫光湖	响水箐	1.6	水库、针阔混交林、针叶林

经过一周的鸟类学实践教学数据采集，用马敬能名录法共记录了40个名录。本次实践教学共观测到鸟类72种，隶属于8目、33科，其中，雀形目中的物种数所占比例最多，隶属于26科、计60种。常见种有蓝额红尾鸲(*Phoenicurus frontalis*)、绿背山雀(*Parus monticolus*)、黑眉长尾山雀(*Aegithalos bonvaloti*)、红头长尾山雀、黑头奇鹛(*Heterophasia melanoleuca*)、栗臀䴓(*Sitta nagaensis*)和白鹡鸰(*Motacilla alba*)等。首日观测到的新增物种数最多，为45种。随着名录单位的增加，每一名录单位内新记录到的鸟类种类数不断减少(图9-1)。

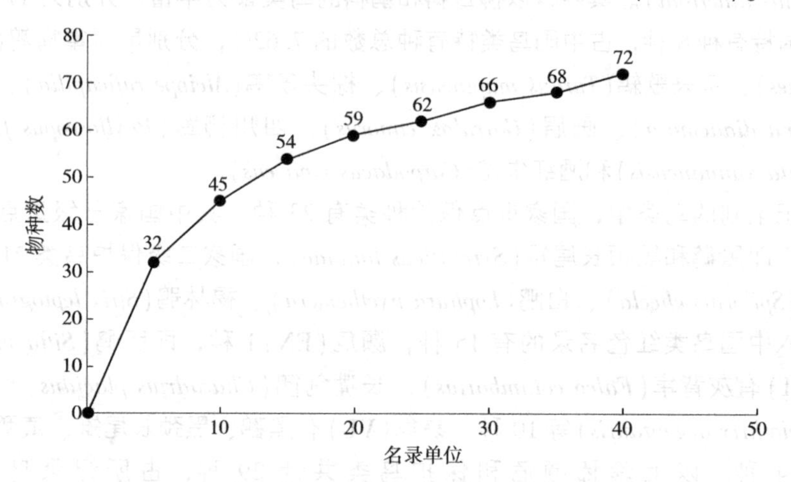

图 9-1　实践教学过程中记录的名录单位与物种数关系

9.4　实训作业

①请选择一种合适的调查方法完成实训地鸟类多样性调查。

②选取实训地某一样区，利用两种不同的方法进行鸟类多样性调查，试比较两种方法的差异。

第 10 章　鸟类种群数量调查

10.1　实训目的及意义

第 9 章针对重点保护区域或未知区域的鸟类多样性调查方法进行了介绍，本章主要介绍对单一鸟类物种的种群数量调查方法。这些物种可能是濒危、保护物种，可能是某些区域的优势种、代表种，也可能是对生态系统造成影响的外来入侵鸟种，它们的数量和密度对于我们了解该鸟种的种群动态、评估保护现状及制定防范措施都有很重要的指导意义。

10.2　实训内容

野外实训中，根据鸟类栖息环境和集群状态的不同，数量调查可分为直接调查法和抽样调查法。少数情况下，如越冬期集群的水鸟，种群集中在一个面积不大的湿地或者湖泊，容易观察到全部个体，就可以采用直接调查法，对种群的总体进行直接计数。

但是，鸟类分布较为分散、栖息地环境比较复杂的情况更常见，难以对全部个体直接计数，这时就需要使用抽样调查法。抽样(sampling)是指用局部的、有代表性的样本数据来估算调查区域的鸟类数量总体。抽样调查通常对最低调查面积有要求，如不应少于调查对象栖息面积的 10%，否则会出现抽样不充分的情况，导致数量估算出现较大误差。鸟类种群调查中有多种抽样方法，包括样线法、样点法、直数调查法、标图法、红外相机陷阱法、标志重捕法、痕迹法、鸣声调查法等。

对一些特殊类群的鸟类，如野外很难见到个体的鸮类、森林地面层活动的小型鸟类(地莺)、热带森林的林冠层鸟类(拟啄木鸟、绿鸠)等，就需要采取间接调查的方法，即不对个体进行调查，而是调查其声音、痕迹等，结合物种习性将间接数据转化为个体数量。

以下对上述鸟类数量调查方法分开论述，因样线法、样点法和红外相机陷阱法在第 9 章已有详细论述，此处不再赘述。鸟类种群数量调查实训过程中，可根据调查对象、研究目的、栖息地状况等选用一种或者多种方法综合开展调查。

10.2.1　直数调查法

对在湖泊、水库、海滨、滩涂等湿地进行的越冬水鸟的调查一般采用直数调查法，即在岸边或陆地上的高处且视野开阔的地点，对大面积区域内的水鸟进行观察统计。

直数调查法的计数方法包括精确计数法和集团统计法。精确计数法用于直接记录调查区域内水鸟绝对种群数量，计数借助单筒或双筒望远镜进行，调查者应选择水鸟活动较多的地点或水鸟经常飞行经过的地方，直接鉴定种类，分类计数统计。其记录对象以动物为实体，在繁殖季还可以记录鸟巢数，记录鸟巢时，每一鸟巢视为一对亲鸟。

当鸟类数量较多或多个物种混在一起时，可采用集团统计法记录鸟类数量，即根据鸟类总体数量，将鸟类按10只、20只、50只、100只……为一个统计单位，统计有多少个“集团”，从而估计鸟类种群数量。对于鸟类分布较集中的区域，可先拍照再采用网格线分割法进行数量统计。

10.2.2　标图法

标图法是以地图研究鸟类种类和数量的一种方法，主要适用于鸟类繁殖季节，即在鸟类通过鸣唱、炫耀、巡飞或斗争等行为获得其所需领域的时候采用此法来调查。

(1)野外工作

标图法的主要做法是将选定区域内所观察到的每一个鸟类个体位点标绘在已知比例的坐标方格地图上，然后将该图进行转换，使每种鸟都具有单独的标位图，最后确定位点群。每一位点群代表一个领域拥有者的活动中心。

野外工作的具体过程如下：

①确定样地的面积　在使用标图法进行调查的时候，鸟类密度、多样性和显眼性是随着栖息地的变化而变化的，其调查样地的面积要根据栖息地的不同而进行调整。对于较郁闭的栖息地，一般设置10~20 hm^2的样地；对于比较开阔的栖息地，则设置50~100 hm^2的样地。

②制作样地图　在地图或者地形图上用坐标的形式将样地画成方形，然后绘制出样地图。在样地图上标上一些明显和较固定的点(如建筑物、河流、道路、高大树木等)，方便确定观察者和鸟类在样地内的相对位置。根据需要准备足够样地图数量，通常林地样地图的比例尺为1∶(1 250~2 500)，开阔地样地图的比例尺为1∶(2 500~5 000)。在确定样地图比例尺时，应充分考虑是否能在图上尽可能准确的标记下鸟类的位置等因素。因此，样地图还要根据样地内的鸟类种类

数、密度和野外调查的可操作性，以及是否能得到相应比例尺的地图等因素进行调整。

③鸟类记录　在进行调查时，所有被看到、听到的鸟类都应该用标准的记录符号记录在样地图上，鸟类种类多的时候，一张图只记录一种鸟，鸟类种类少的时候，可以几种鸟记录在同一张图上。鸟类记录的位点必须精确，每天都必须用新的图进行记录，然后将所有的调查数据汇总到一张，形成种类图。在调查的过程中，不仅要对鸟类的个体进行定位，还要标定所有鸟的活动与相邻其他个体间的关系，特别是与领域相关的一些信息。

④调查时间和调查路线　调查时间应该选在4~6月的鸟类繁殖期，还要结合调查地的地理位置和气候特征等因素综合考虑。在一天中，选择从日出到11点之前和傍晚进行调查。调查路线的设置应该保证该路线与样地内任何一点的距离都在50 m内，使样地内的鸟类都能被观察到。

⑤每次调查持续时间　每次调查的持续时间没有统一标准。一般调查效率系数必须大于60%，否则就需要延长调查时间。每次调查持续时间还要根据样地内鸟类的活动状况及调查者的体力来定。

(2)种群密度计算公式

鸟类种群数量就是通过总位点群数乘每一位点群代表的平均鸟类个体数来估计的。公式如下：

$$D=CN/S \tag{10-1}$$

式中：D——鸟类密度(只/hm^2)；

C——总位点群数(完整位点群数+不完整位点群数)；

N——每一位点群内平均个体数；

S——研究地面积。

(3)假设条件

标图法有很多假设条件且与实际情况存在差距，因而会影响其结果的精准性。假设条件有：①繁殖期间鸟类都具有领域性，领域性鸟类总在其领域内活动，并不在其他地方重建领域而放弃原领域；②鸟类是成对的，每一领域内具有两个鸟类个体；③不同种鸟类及同种鸟类的不同个体都具有相同发现率；④调查结果不受统计的持续时间、调查者行走速度和人数的影响；⑤除了该方法对研究地有最小面积要求之外，面积因素对其结果没有影响；⑥植被结构不影响调查结果；⑦所有鸟类都能被正确识别。

但是其中的一些假设，与鸟类实际习性并不相符，如有部分鸟类无领域性；有部分鸟类种类会在领域外活动，重建领域和改变领域；有部分鸟类是多配制的，一个领域内实际鸟类个体数往往会在两个及以上。

尽管如此，标图法仍被认为是一种能准确获得调查样地内的鸟类种群和密度(单位面积内的个体数)的数量调查方法，其结果可用于分析鸟类的栖息地使用和巢址选择等生态模型。同时和寻巢、雾网等方法相结合，标图法可以成为鸟类生态研究中一种非常有用的方法。标图法可产生一个鸟类分布图，在鸟类与生境系分析中特别实用。但是标图法需要花费大量的时间和资金，调查效率较低，且不宜在大尺度范围内进行鸟类调查，在一些崎岖不平的岩石地区和茂密的热带森林，也不能采用此方法。

10.2.3 标志重捕法

标志重捕法是指在被调查的鸟类种群的生存环境中，捕获一部分鸟类个体，将这些个体进行标志后再放回原来的环境，经过一定时间后进行重捕，根据重捕中标志鸟类个体占总捕获数的比例，来估计该种群数量的方法。

标志重捕法的计算公式如下：

$$N = Mn/m \tag{10-2}$$

式中：N——种群密度；

M——被捕捉鸟类的数量；

n——重捕的鸟类个体数量；

m——重捕的鸟类个体中有标志个体的数量。

实验中要注意：①标志物不能过分醒目；②对鸟类所做的标志不能对其正常生命活动及其行为产生任何干扰；③标志物不会在短时间内损坏，也不会对此鸟类再次被捕捉产生任何影响；④重捕的空间与方法必须同之前一样；⑤有标志个体与自然个体的混合所需时间需要正确估计；⑥对鸟类所做的标志不能对它的捕食者有吸引性。

在野外实践调查中，对于大多数的鸟种来说要捕捉足够多的样本是十分困难的，而且会存在很大的误差。标志重捕法也是一种非常耗时的方法，还需要调查者经过一定的培训并具备正确捕捉和标志等的技能。所以在野外调查中，大部分能够被观测到的鸟种，常采用其他方法。

10.2.4 痕迹法

痕迹法适用于某些鸡形目鸟类和狩猎鸟类在其活动过的区域留下一些可以鉴别的痕迹(如足迹、粪便、羽毛等)的情况。调查者可以利用这些痕迹作为隐蔽性、夜行性和地栖性鸟类是否存在的直接证据和种群大小的相对指数，进而应用于鸟类种群的监测。

下面主要介绍羽迹计数法。在野外调查的时候，一般很少有机会能直接观测到雉类的活动。但是成年的雉类每年均存在一个明显的换羽过程，其脱落的羽毛在野外可以保留超过50 d，一年都可能收集到脱落的羽毛样本。因此，羽迹计数法成了验证某栖息地有无某种雉类存在的有效方法之一，并作为种群大小的相对指数应用于雉类的种群数量调查。

如果想要获得雉类的种群大小，或得到雉类种群大小指数，并进行不同区域间的比较研究或种群动态监测，就需要对该方法进行标准化，包括调查样地或样线的位置、样地的面积、行走路线的长度，调查时间的长度，以及调查季节等，用单位工作量(如样地面积、样线长度和调查时间等)脱落羽毛数作为种群大小指数。

为有效地估测种群大小，羽迹计数法还可以和截线法相结合，进行羽迹样线截线法(简称羽迹截线法)调查。该方法的调查过程和样线截断法基本相同，所不同的是调查者只记录样线两侧一定范围的脱落羽毛数，并以一个相对独立的发现羽毛处代表一个小的雉类群。计算公式如下：

$$D = rN/S \qquad (10\text{-}3)$$

式中：D——种群密度；

r——每个羽迹单位与雉类个体数间的换算系数；

N——截线内发现的羽迹单位数；

S——研究地面积。

脱落羽毛有时单片出现，有时多片出现，所以脱落羽毛数量多少和种群的大小不是简单的线性关系。所以用羽迹单位来表示脱落羽毛数可能更加合理。羽迹截线法即假设1个羽迹单位内的羽毛为同一个体或同一雉群个体所脱落。在野外判断所发现的羽毛是否属于同一羽迹单位非常困难，不仅要求调查者有充足的野外经验，还要调查目标种类的个体活动距离与领域大小，以及婚配系统与种群大小等相关资料。

10.2.5 鸣声调查法

鸣声调查法适用于在野外调查中难以被观测且声音大、辨识度高的鸟类，主要是对夜行性的鸮类、鸣禽、密林中地面活动的小型鸟类或热带森林林冠层鸟类及叫声独特的雉类开展的调查方法。上述鸟类虽然很难观测到，但是它们的鸣叫或者鸣唱能够被录到，录音可以被数字化，上传到网络上进行种类识别。在野外调查的时候，将这些录音进行播放，许多鸟类都会对其鸣声或同类的鸣声产生反应，有可能会接近播放器。因此，可以通过鸣声录音回放法来增加鸟类的发现率。

鸣声调查法的优点是使野外调查中那些隐蔽的、难以被发现的，以及只在夜间活动的鸟类能够被发现和调查到；缺点是某些鸟种可能对录音产生适应性，从而对录音失去反应。

鸣声录音回放法不是对动物个体直接计数，而是一种间接调查，在鸣声调查时，可采取鸣声录音回放法和样线法、标图法结合的方式，但该方法会对鸟类产生较大的干扰，需谨慎使用。

10.3 应用案例

10.3.1 水禽直数法调查黑颈鹤数量案例

王楠(2013)在2007年6月和2008年7月于四川海子山国家级自然保护区采用直数法对黑颈鹤的种群数量进行了调查。调查时沿湖泊和湿地周边用双筒望远镜在左右500 m范围内寻找，一旦发现黑颈鹤，则利用GPS定位，记录坐标、海拔，同时记录发现的时间、数量、成幼、生境及伴生鸟类等。调查期为黑颈鹤的孵卵期和育雏期，通过走近观察黑颈鹤是否成对活动，并通过合作吸引观察对象离开，以确定其是否配对。结果显示，在海子山自然保护区共记录到黑颈鹤56只，包括成体51只，占总数的91.07%；幼体5只，占总数的8.93%。在成体中，配对黑颈鹤24只，占总数的47.06%；非繁殖个体27只，占总数的52.94%。

10.3.2 标图法调查绿孔雀数量案例

文云燕(2016)于2014年11月至2015年4月在云南省双柏县恐龙河州级自然保护区绿孔雀集中分布区域，利用标图法结合红外相机陷阱法开展绿孔雀调查及监测。采用标图法主要目的是确定绿孔雀群体的活动范围并初步估计群体大小，其依据是绿孔雀雄鸟在繁殖期的领域性和鸣叫行为，性成熟的绿孔雀雄鸟通常经过争夺后占据界限分明的活动领域。调查的具体方法为：在每日绿孔雀鸣叫的高峰时段，在固定范围内沿固定的路线行走，将所观察到的每一处绿孔雀的活动(实体、鸣叫、取食痕迹、粪便、羽毛、巢等)位置标绘在已知比例尺的坐标方格地图上，经过多次调查后，叠加所有调查结果，最终确定各个绿孔雀群体的活动领域并判识群体。调查者在调查区域划定了3个调查小区并规划了对应的3条监测路线，于2014年11月至2015年1月开展了5次繁殖前期的预调查，初步确定了各个绿孔雀群体及其领域，于2015年2~4月开展了8次繁殖高峰期的正式调查。通过标图法与红外相机的结合观测方法，共监测到29只绿孔雀成鸟及27只绿孔雀雏鸟。在33个红外相机监测点的21个中拍摄到绿孔雀活动的照片和视频。

10.3.3 红外相机陷阱法调查案例

(1)红外相机陷阱法调查绿孔雀数量案例

王方(2017)用样线法结合红外相机陷阱法对云南省新平县野生绿孔雀的种群

数量及分布现状进行了研究。该研究的红外相机布设点选择在访问调查中受访者见过绿孔雀活动的地方和样线调查中见到绿孔雀实体或活动痕迹的地方，调查于2017年1~12月，在新平县者竜乡、老厂乡、新化乡、扬武镇和桂山街道按照1 km×1 km网格安装了96台红外线自动相机，布设相机监测总覆盖面积为96 km^2。结果显示，红外线自动相机累计工作28 800个工作日，共拍摄到照片和视频195 167张段，其中含绿孔雀照片和视频21 107张段，绿孔雀独立有效照片6 728张段。对红外线自动相机拍摄到的绿孔雀图像资料进行整理后，得出结果：调查区域内，者竜乡向阳村和腰村两个片区布设的红外线自动相机共拍摄到82只绿孔雀(19只雄性、57只雌性、6只幼体)；老厂乡红外相机共拍摄到9只绿孔雀(3只雄性、6只雌性)；新化乡拍摄到4只绿孔雀(1只雌性、3只幼体)；扬武镇拍摄到5只绿孔雀(2只雄性、3只雌性)；桂山街道拍摄到26只绿孔雀(10只雄性、16只雌性)。汇总可知，本调查通过红外线自动相机共拍摄到126只绿孔雀。

(2)红外相机陷阱法调查黑颈长尾雉数量案例

李国彬(2022)用红外相机法对黑颈长尾雉云南亚种种群在云南省文山壮族苗族自治州西畴县法斗乡的分布进行了研究。该研究于2017年1月至2018年1月布设红外相机75台。在充分了解调查区域的基础上，利用ArcGIS软件将观测样区划分为1 km×1 km网格。每个1 km^2网格中心区域选择植被茂盛，动物容易出没的水源地、垭口、山脊和林间隐蔽处等合适位置放置1台红外相机，不同网格的2台红外相机距离大于500 m。结果整理分析得出，回收红外相机累计工作8 109机日，共记录鸟类的独立照片52张，隶属于2目6科12属12种。安放于西畴县法斗乡的共5台红外相机拍摄到黑颈长尾雉云南亚种，共有12张独立有效照片，辨别出14只活体，其中有9只雄性、5只雌性。黑颈长尾雉的相机位点出现率为7.25，相对丰富度为23.08，拍摄率为0.147。

10.3.4 多个物种的种群数量调查案例

以上单一物种调查方法可同时运用在同域分布的多个物种种群调查中，如文雪等(2020)结合四川黑竹沟国家级自然保护区内的地形地势、植被和海拔，采用样点法与样线法综合调查了四川黑竹沟国家级自然保护区3种鸡形目鸟类(白腹锦鸡、红腹角雉和血雉)的种群密度。设置10条调查样线，每条样线长2.0~4.5 km，使用望远镜观察并记录鸡形目鸟类的种类、性别、数量、目标物种的粪便、痕迹及生境类型等参数。此外，在每一条调查样线上每隔500 m左右设置一个监听点，共设置50个监听点。以监听点为圆心，半径250 m的样圆作为每个点的调查范围。每个监听点安排1名调查人员并配置卫星定位仪、罗盘及记录工具，在调查开始时间前 10 min 进入指定点待定，所有样点每天同时开始监测。记录数据包括鸟类种类、鸣声与监听点的距离、方位角、鸣叫次数和鸣叫起止时间。每种鸟类数量只取监听时间段内该鸟类发出第一声鸣叫后 20 min 内所记录到的数量。结果表明，样点法和样线法估算的雄体密度分别是：白腹锦鸡(6.31±0.98)只/km^{2}和 1.20 只/km^2，红腹角雉(0.39±0.17)只/km^{2}和 5.41 只/km^2，血雉(5.97±2.70)只/km^{2}和 3.01 只/km^2。除红腹角雉外，样点法估算的白腹锦鸡、血雉种群密度均大于样线法。

10.4 实训作业

①依据实训地鸟类多样性特征，挑选 1~2 种目标鸟种作为数量调查对象，了解目标鸟种的生活史特征、种群分布等信息。

②针对实训地点中水鸟的集中分布区，请采用合理的调查方法开展水鸟种群数量调查，并提交调查报告。

③针对调查范围不大、雀形目鸟类占区繁殖的区域，请采用合理的调查方法开展繁殖鸟类种群数量调查，并提交调查报告。

④针对实训时间较长、实训地鸡形目鸟类较多的区域，请采用合理的调查方法开展鸟类种群数量调查，并提交调查报告。

⑤选择一种实训地常见鸟类，采用不同的调查方法获得鸟类种群数量、密度、丰富度等数据，比较不同方法的优缺点。

第 11 章 ｜ 鸟类鸣声特征及生物学意义

11.1 实训目的及意义

鸣声是鸟类重要的声音通信方式，包含着丰富的生物学信息，在吸引配偶和稳定配偶关系、保卫领域、育雏等环节发挥着重要作用。通过录音设备录制鸟类鸣声，并通过野外鸟类的行为观察和鸣声回放实验，可对鸟类鸣声特征进行分析，探讨不同类型鸟类鸣声的生物学意义。

11.2 实训内容

鸣声的可视化是深入研究鸣声的重要基础。研究者可通过语图结构分析，以及频率和时间等参数的测量来定性或者定量分析鸟类鸣声。一般参考《声学名词术语》(GB/T 3947—1996)及前人发表的文献，采用音素、音节、音节型等术语进行语图结构描述(表 11-1)。语图测量以句子为单位，测量的参数包括但不限于：句子的最高频率、最低频率、峰频率、持续时间、频率跨度等，可根据其不同的分析目的进行适当增减。

鸣声回放的研究方法被广泛应用于鸟类的种间和种内关系、种群监测和行为

表 11-1 语图结构分析内容分类及描述

语图结构分析内容	描述
音素	在声谱图上表现为一连续曲线结构，是最小的声音单位
音节	固定组合在一起的音素构成，并在句子中多次重复出现
音节型	音节的形态特征，主要包括其音素组成的排列顺序
短语	多个连续相同音节构成的音节组
句子	鸣唱系列中包含音素或音节的连续段落，句子与句子之间通常由空白的暂停所分隔
鸣唱型	句子的结构特征，主要包括其音节组成和排列顺序
曲目	某一指定个体或种群的所有鸣唱或音节
起始音节	鸣唱句首次出现的、单一的、持续时间较短的音节，常以固定的形式存在
颤音	由一组急促、重复的音素构成

生理等领域的研究开展，通过鸣声回放来观测目标个体对不同鸣声的反应，以此来检验不同鸣声的生物学意义。鸣声回放已经成为鸟类鸣声研究的常用手段。在鸣声回放实验中，除了鸣声对目标个体的影响外，音响位置、持续回放时间、声音大小、实验间交互作用等因素均会影响观测结果。因此，在鸣声回放实验中，研究者需尽可能通过实验设计来排除其他干扰因素，突出回放鸣声对目标的影响。该实验在教学实训过程中，由于时间和条件限制，可以选择性进行。

11.3 应用案例

11.3.1 鸣声的野外录制

在野外实训中，鸣声的采集是鸟类鸣声研究最重要和最基本的步骤，鸟类鸣声的频率常可达 11 kHz 以上，因此，研究中需选用专业的录音设备进行野外录制。录音时，需根据实际情况确定最适当的录音距离，麦克风与鸟类的距离过远过近都会损失声信号，还要尽量选择在非嘈杂的时段或环境中进行录制，以免鸟类鸣声被背景噪声掩盖。

录音一般采用便携式数字录音机，例如，Sony PCM—D100 或 Zoom H4n 或 Marantz PMD661，配以外接强指向性话筒(如 Rode NTG-2 或 Rode NTG-3)。采样精度一般设置为 16 bit，采样频率设置为 44.1 kHz，文件保存为“.WAV”格式。录音时沿巡护道路或者样线行走，听到目标鸟类的鸣声或者通过回放确定其个体的有无。录音时间集中在晨昏，此时段鸟类活动频繁，声音洪亮而易于发现。声音录制应尽可能地长，直至它停止鸣叫或飞走，以获得足够的分析样本。录音时应尽量靠近目标个体(<10 m)，若同一个体录音时长较短(<1 min)则更换目标。录音结束后，应以语音的形式记录该目标个体成幼和性别信息，并记录鸣声发出时的行为。

11.3.2 鸣声特征分析

完成录音后，借助声音分析设备(如 KAY5500 语图仪)或软件来分析鸟类鸣声，常用软件有：Raven Pro 1.5 鸣声分析软件、Avisoft-SASLab Pro、GoldWave、Wave Surfer 等。

以 Raven Pro 1.5 鸣声分析软件为例，生成语图的参数设置通常为 Window Type：Hamming；Window size：1024 samples；Overlap：50%；hop size：512 samples，DFT size：1024 sample，Grid spacing：43.1 Hz。此外，Raven Pro 1.5 可去除 1 100 Hz 或2 000 Hz以下和 6 000 Hz 以上的背景噪声，以获得清晰的语图。在 Raven Pro1.5 筛选录音样本时，还可去除语图不清晰或句子数不足 6~10 的个体，通过筛选，保留语图清晰的鸣声进行分析。

以云南高黎贡山分布的火尾绿鹛鸣声调查为例，对不同类型的鸣叫和雄性鸣唱的鸣声参数进行了录制和测量，所采用的术语参照表 11-1，根据鸣声行为的不同，成鸟鸣声分为联络鸣叫、报警鸣叫和雄性鸣唱等 3 种类型。

联络鸣叫分为单声联络鸣叫、多声联络鸣叫和成幼鸟联络鸣叫。单声联络鸣叫通常指火尾绿鹛个体在安静地取食和短距离跳跃或飞行时，发出的纤细的鸣叫[图 11-1(a)]，每个句子均为 1 个音节；多声联络鸣声为火尾绿鹛的鸣声类型中最为常见的类型[图 11-1(b)]，雌雄个体都可以发出这种类型的鸣叫，在繁殖期该鸣声类型通常用来进行雌雄之间的交流，其为单音节的重复，平均每个火尾绿鹛个体联络鸣叫有(2.79±0.96)个音节；成幼鸟联络鸣叫指亲鸟和幼鸟交流时的鸣叫，鸣叫声独特，声谱特征为多音节且具谐波[图 11-1(c)]，成幼鸟联络鸣叫具(3.44±1.83)个音节。

当研究者接近巢和幼鸟，或领域内杜鹃花被其他火尾绿鹛个体取食时，雌雄成鸟均会发出报警鸣叫。成鸟报警鸣叫特征为多音节重复且有明显的谐波[图 11-1(A)]，平均每句有(4.53±2.64)个音节。通过对火尾绿鹛鸣声最低频率、最高频率、持续时间、峰频率、频率宽度、音节数特征进行计算和比较分析(表 11-2)，表明其个体间鸣声特征差异明显。雏鸟音节数和持续时间随日龄增加而增加，而峰频率随日龄增加而减少，20 日龄的雏鸟鸣叫特征与幼鸟的十分相似[图 11-1(B)]。

表 11-2　火尾绿鹛 6 种鸣声类型的声学特征

鸣声类型	最低频率(Hz)	最高频率(Hz)	持续时间(s)	峰频率(Hz)	频率宽度(Hz)	音节数
单声联络鸣叫(n=278)	7 314.84±712.88	8 986.71±469.74	0.05±0.01	8 074.80±670.35	1 671.87±586.07	1.00±0.00
多声联络鸣叫(n=485)	7 201.17±340.25	8 613.73±327.64	0.32±0.11	7 960.82±316.43	1 848.86±1 694.92	2.79±0.96
成幼鸟联络鸣叫(n=86)	6 712.38±1 121.07	8 634.99±304.57	0.37±0.24	7 824.08±428.10	1 922.60±962.08	3.44±1.83
报警鸣叫(n=1 459)	4 687.82±863.80	7 668.27±456.78	0.25±0.16	6 594.03±665.24	2 980.45±626.35	4.42±2.64
幼鸟鸣叫(n=364)	6 916.15±548.13	8 747.45±545.28	0.81±0.64	7 784.15±485.50	1 831.30±395.47	6.40±4.30
成鸟鸣唱(n=280)	4 417.48±1 739.60	8 371.53±536.40	0.78±0.43	7 012.45±922.68	3 954.04±1 688.85	10.19±5.35

注：表中数据均以平均值±标准误形式给出。

繁殖季节的雄鸟会发出声谱特征较鸣叫更为复杂多样的鸣唱[图 11-1(C)]，可区分出 18 种鸣唱型(图11-2)。回放实验也表明，已有固定领域的火尾绿鹛会迅速飞至音箱附近，并表现出攻击的反应，有时可诱发该雄性发出同样的鸣唱。因此，研究者认为鸣唱有保护领地和雄性竞争的功能。

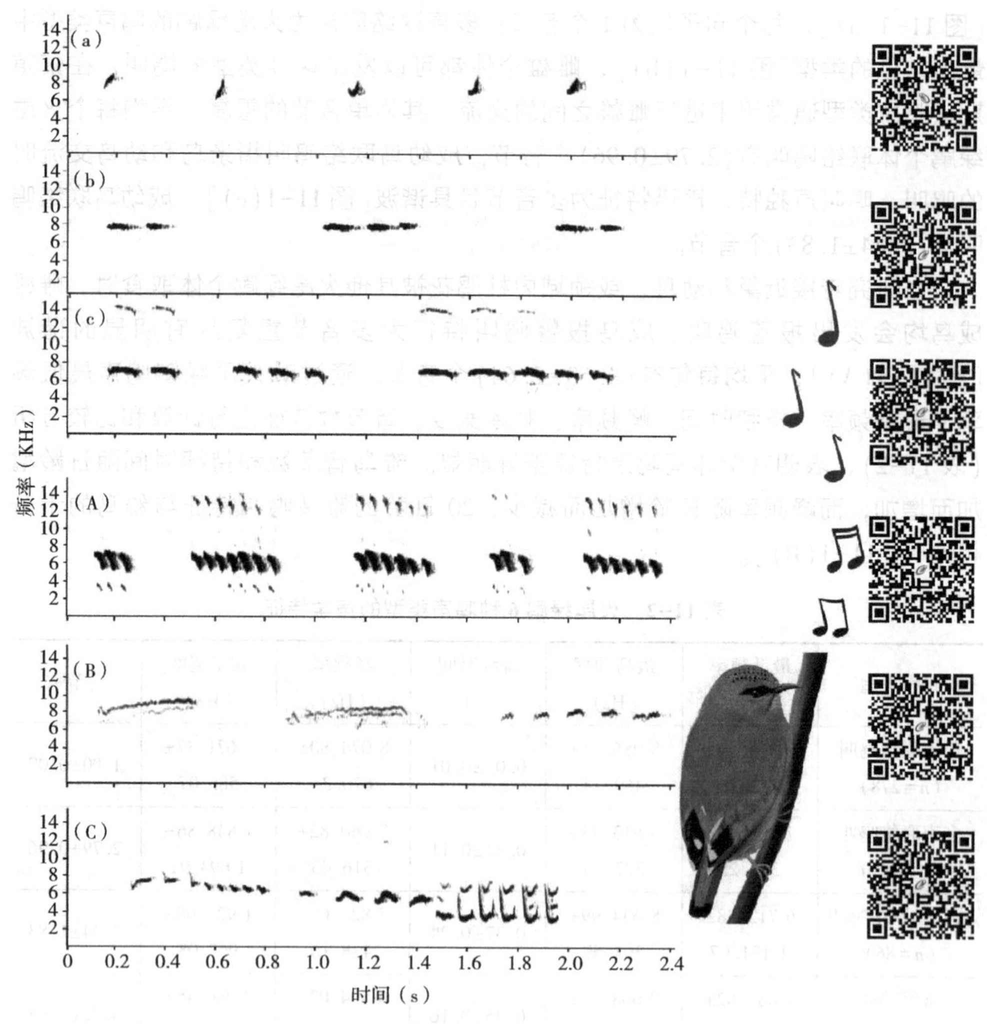

图 11-1　云南高黎贡山火尾绿鹛 4 种鸣叫类型

(a)单声联络鸣叫；(b)多声联络鸣叫；(c)成幼鸟联络鸣叫；

(A)报警鸣叫；(B)雏鸟乞食鸣叫；(C)雄鸟鸣唱

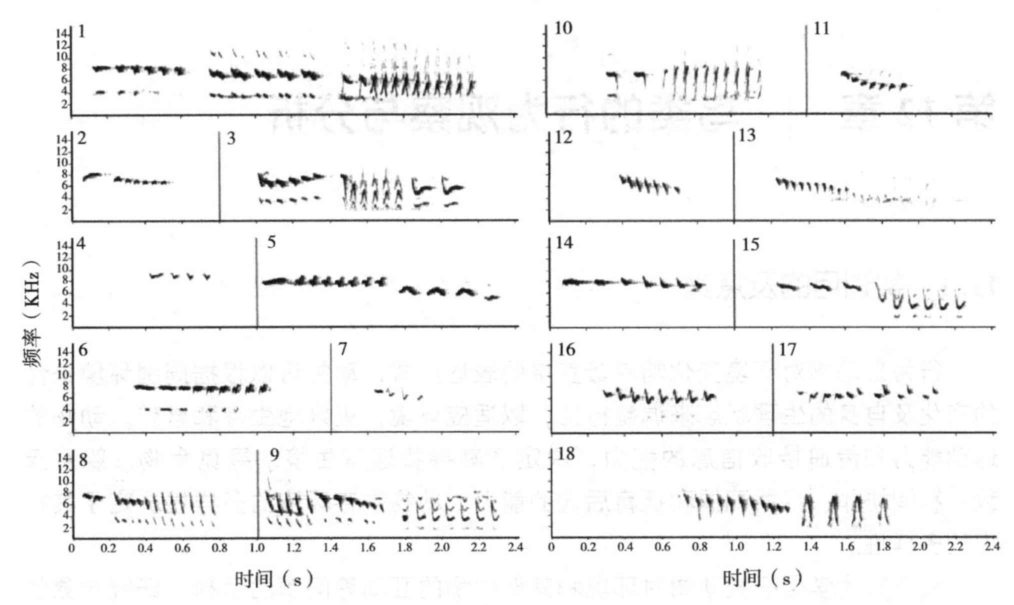

图 11-2 火尾绿鹛的鸣唱型

11.4 实训作业

①选取实训地点某一种常见鸟类，对其鸣声进行采集和特征分析。
②选取校园常见鸟类，设计鸣声回放实验，验证不同鸣声的生物学功能。

第 12 章 ｜ 鸟类的行为观察与分析

12.1 实训目的及意义

行为是动物对环境变化响应最直接的表达形式，动物可以根据周围环境条件的变化及自身的生理状态来调整行为，以适应环境，更好地生存和繁殖。动物的运动能力和传递接收信息的能力，决定了其寻找适宜生境、寻觅食物、躲避天敌、种间协作、寻找配偶和抚育后代的能力。动物生存环境的多样性决定了其行为的多样性。

动物行为学是研究动物对环境和其他生物的互动等问题的学科，研究对象包括动物的沟通行为、情绪表达、社交行为、学习行为、繁殖行为等。通过对鸟类昼间行为的观察，掌握其观察和分析的调查方法，进一步了解鸟类的活动规律，为后续鸟类学的相关研究奠定基础，进而为更好保护和恢复鸟类种群提供科学依据。

12.2 实训内容

12.2.1 鸟类行为直接观察方法

鸟类行为学的研究要根据不同的研究目的和内容选择不同的研究对象，通常分为以物种导向的研究和以问题导向的研究。物种导向的研究指研究者对某一个或某一类动物感兴趣，进而把它们作为研究对象，在长期工作过程中发现并解决一些行为学问题，其优点是可以通过持续观察研究同一个物种，积累大量的研究经验，从而提高工作效率。而问题导向的研究指研究者针对一些值得深入研究的科学问题，选择适合研究该问题的鸟类作为研究对象。例如，研究鸟类集群行为，越冬水鸟可能是合适的选择。

不管是什么研究目的，对动物行为进行科学研究的起点和基础是正确而又详尽地收集和整理所研究动物的各种行为类型，建立行为谱。通过人为观察、摄像机等观察、记录和分析动物行为，然后对各种行为进行分类和命名。

(1)行为谱的建立

动物的行为是姿势和动作的组合，具有明显的环境适应机能。动物的行为

在物种间有很大差异，因此，在开展动物行为研究之前有必要对研究对象或研究对象所属的动物类群的行为有一个全面的了解。建立一个关于研究对象的简单行为目录——行为谱，当然，也可以参照该动物已有的行为谱资料。建立行为谱的经典方法包括以下几个步骤：①观察和记录动物的全部行为；②给行为一个准确定义；③行为的测量，包括行为发生的频率、潜伏期、持续时间和强度等。

依其功能，动物行为划分为：①生存行为，如摄食行为、休息行为和运动行为等；②繁殖行为，如交配行为、育幼行为等；③社会行为，如警戒行为、集群行为等。

(2)行为的编码

动物行为的表现形式多样且多变，相同的动物姿势和动作在不同的环境条件下可能行使着不同的生物学功能，因此，编制动物行为谱应考虑动物行为的姿势(posture)、动作(action)和环境(environment)3个要素(简称PAE)。蒋志刚(2000)提出基于PAE行为谱编码系统，在动物行为学领域得到了广泛应用。依据行为表达的环境建立动物行为的形态机能分类系统，可以将动物行为分解为姿势、动作和行为，这有助于理解动物行为的层次结构。动物的姿势确定了动物行为的大框架，动物的动作则是行为的细节部分。要素编码系统为行为的图示和量化分析提供了基础。

建立动物行为的要素编码代码，便于对行为数据进行储存和分析。在此基础之上，还可以建立动物行为的检索系统，即一种类似于检索表的查询系统。研究者针对某一种行为，可以按图索骥，在行为分类系统中查到该行为的相对位置。

(3)取样和记录方法

动物行为的取样方法可以分为随意取样(adlibitum sampling)、扫描取样(scan sampling)、目标取样(focal sampling)和行为取样(behavior sampling)；记录方法可分为连续记录(continuous recording)和时间记录(time recording)。不同的行为学取样方法与记录方法可以组合使用。

①取样方法

a. 随意取样：指不加区别限制地记录所有研究对象的所有行为。由于取样的随意性，取样结果有偏移，即偏向于多发行为。因此，在取样前要做预观察，明确哪些行为是多发的，哪些行为是少见的。

b. 扫描取样：指按相对固定的时间间隔对一组动物的行为逐个进行扫描观察。该取样方法要求全群扫描，因此，不能记录太多的行为种类。这种方法的取样结果也存在偏移，即偏向于多发行为和明显行为。本方法可与目标取样法结合使用。

c. 目标取样：指跟踪观察记录一个或一小群研究对象的所有行为或几类重要行为。只对少数个体观察取样，因此，本方法不能单独用来研究群体行为。补偿的方法是与扫描取样结合使用，并且在群体中尽可能多地抽取样本个体数。另外，本方法在野外不易操作，有时目标个体会在群体掩护中丧失观察追踪。

d. 行为取样：指记录整群观察对象的特定行为及其与该行为有关的个体。该方法仅对1~2种稀有行为进行观察和记录，具有很强的针对性。

②记录方法

a. 连续记录：也称所有事件记录法，即连续记录行为发生的所有频次和持续时间。频次是指单位时间内行为发生的次数，而持续时间是指某一行为自发生至完成的时间长度，某一行为从结束时到下一次发生时的间隔时间称该行为的潜伏期。

b. 时间记录：指将观察实验期划分为若干个长度相等的时间段，仅按固定间隔时间记录观察对象的行为。时间记录方法可以进一步分为即时取样(又称瞬时取样、点取样)和1-0取样。即时取样指在固定间隔时间内观察记录某一行为是否发生，而1-0取样指观察记录一个固定间隔时间内某一行为是否发生。

(4)行为数据的可信度

收集到的行为数据是否可信是行为学家关注的问题之一。行为的单位、度量尺度、是状态还是事件、采样方法等都可能影响到行为数据的可信度。通常将行为数据的可信度分为两类：观察者内的可信度(intra-observer reliabiliey)和观察者间的可信度(inter-observer reliability)。

①观察者内可信度　观察者在野外采集数据时可能会遗漏一些行为(尤其是动物偶发的行为)，这将导致数据可信度下降。造成这种遗漏的因素有物种、个体、行为单元和取样方法等许多方面。检验该可信度的方法是在野外采样时使用摄像机进行同步录像，之后参照回放的录像仔细检查遗漏点，计算取样的准确率。丰富的实践经验可以提高观察者内可信度。

②观察者间可信度　任何两个人对外界的感知都存在一定程度的差异，因此，当两个以上工作者在野外研究同一类行为时，就会出现观察者间可信度的问题。导致观察者间可信度下降的因素有个人感知差异、观察者的倾向性、观察错误和记录误差等。提高观察者间可信度的方法是工作者间应当多进行交流，尽量达成认知和方法上的一致。最好是尽量由同一个人来完成一项行为学实验，这样可以避免观察者间的所有偏差。

12.2.2 基于红外相机的鸟类行为观察

红外相机技术也可用在行为活动节律的研究上，相机的布设、拍照模式的设置和鸟类物种鉴定及分类与见第9章9.2.4的要求一致。使用Bio-photoV 2.1软件，提取照片中的照片编号、工作天数、拍摄日期、拍摄时间等信息，并对照片中的物种进行整理与命名，在Excel中进行数据统计。在对红外相机照片数据的分析中，为了降低同一种动物的假重复，可将目标动物的独立有效照片筛选出来进行分析(拍摄的照片应能够准确鉴定出目标物种，拍摄的两张相同物种照片之间的时间间隔≥30 min或动物种类不同的照片记为1张独立有效照片)。日活动节律的数据是以24 h为周期的数据类型，对于该类数据的分析主要采用核密度估计方法，常用R软件的overlap包和activity包。

12.3 应用案例

(1)繁殖鸟类行为观察案例

在山东省黄河三角洲国家级自然保护区，研究者综合运用扫描取样法和时间取样的记录方法，对4对繁殖成功的东方白鹳在巢区的繁殖行为进行了观察。结合前人的研究结果和前期的预观察，将东方白鹳的行为建立行为谱并分为6类(表12-1)，将繁殖行为中的修巢、晾卵、孵化、交配和育幼行为单独记录，在不干扰东方白鹳的条件下，在距4个巢平均距离586 m的公路旁的草丛中，用20~80倍的单筒望远镜进行观察。每隔一天观察一次，每个观察日6：00~18：00同时对4巢东方白鹳进行观察，每5 min记录一次，营巢期观察7 d，孵化期观察15 d，育幼期观察30 d，共计收集行为数据29 952个。

结果表明，在繁殖期东方白鹳各种行为活动时间分配比例从高到低依次是：繁殖(22.17±21.69)%[其中，孵化(19.75±20.71)%、晾卵(1.31±2.16)%、育幼(1.00±1.01)%、交配(0.11±0.32)%]，静栖(19.09±13.94)%，修巢(6.40±5.92)%，警戒(3.94±4.88)%，理羽(3.11±2.31)%，其他行为(45.27±11.08)%，各行为间所占比例差异明显。

东方白鹳繁殖期各种行为存在明显的日节律(图12-1)。繁殖行为在6：00~7：00、12：00~13：00和17：00~18：00存在3个高峰期，在10：00~11：00和13：00~14：00存在两个低峰值。而静栖行为与繁殖行为呈相反趋势，在6：00~7：00、12：00~13：00和17：00~18：00是3个低峰值，在10：00~11：00和13：00~16：00存在两个高峰值。修巢行为在6：00~8：00达到高峰值，随后行为强度逐渐减弱，理羽和警戒行为并无明显节律。

表 12-1　繁殖期东方白鹳的行为谱

行为分类	定　义
理羽行为	啄理羽毛、用爪搔头及颈前部分，用喙啄跗蹠及足，展翅、抖羽、单侧踢腿等行为
修巢行为	亲鸟取巢材和在巢上用喙整理巢的行为
繁殖行为	在繁殖期东方白鹳交尾、产卵、孵化、晾卵、育雏等行为
静栖行为	东方白鹳用单脚或双脚站立不动的行为
警戒行为	当意识有危险临近或受外界干扰而中止其他行为，伸长颈部，头颈转动，四处张望的行为
其他行为	东方白鹳飞离巢区的其他行为

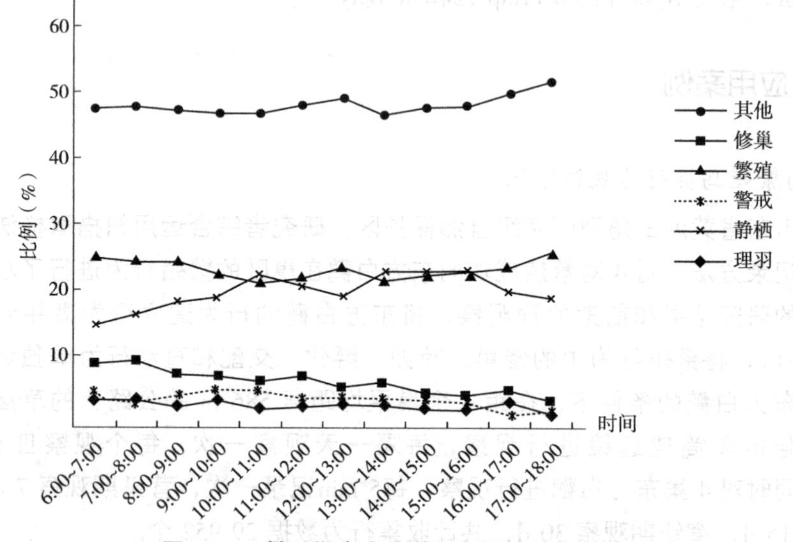

图 12-1　繁殖期东方白鹳行为活动的日节律

(2) 集群水鸟行为观察案例

在辽宁省辽河口国家级自然保护区，张菁等(2021)采用直接计数法对盐地碱蓬盐沼湿地和相邻泥质滩涂两个固定样区连续 3 年的水鸟组成调查和行为观察。研究共记录到鸻鹬类水鸟 28 种 6 348 只次，其中，盐地碱蓬湿地记录到 4 科 13 种，泥质滩涂记录到 4 科 27 种，泥质滩涂的物种多样性显著高于盐地碱蓬盐沼湿地。此外，盐地碱蓬盐沼湿地与相邻的泥质滩涂的鸻鹬类鸟类群落组成存在较大差异，盐地碱蓬盐沼湿地的鸟类群落组成以体型较大的大杓鹬(*Numenius madagascariensis*)、白腰杓鹬(*Numenius arquata*)、灰鸻(*Pluvialis squatarola*)等为主，而泥质滩涂以环颈鸻(*Charadrius alexandrinus*)、黑腹滨鹬(*Calidris alpina*)等小型鸻鹬类为主，说明了两种生境在鸟类多样性维持中具有不同的作用。

采用即时取样法对两种生境鸟类的主要行为进行记录。行为类型如下：

①觅食行为　有明显的取食、吞咽等活动，具体表现为水鸟用喙不停地探寻食物或将喙直接插入泥中。

②休息行为　鸟类单脚站立，将头偏向一侧并埋于翅下。

③其他行为　包括警戒、理羽、打斗和惊飞等。

从鸟类的行为来看，该研究区域鸟类以取食行为为主(58.71%~93.26%)，其次为休息行为(5.99%~23.29%)，其他行为所占比例较低(0.34%~18%)。两种生境中鸟类的行为组成具有明显的季节差异，春季盐地碱蓬生境中取食比例显著低于泥质滩涂($p<0.05$)，而休息行为比例较高(23.29%和5.99%；$p<0.05$)；秋季两种生境均以取食行为为主(>87.0%)，各行为组成比例不存在显著性差异($p>0.05$)。

(3)红外相机技术在鸟类行为节律中的应用

在云南省药山国家级自然保护区，赵晨光等(2021)采用红外相机调查法对保护区内白腹锦鸡活动节律开展调查研究。结果表明在45个有效位点累计拍摄18 575个相机工作日的数据中，有21台相机拍摄到白腹锦鸡，共获得独立有效照片116张，其中，雄性的独立有效照片55张、雌性的独立有效照片57张、两只雌性同时活动照片4张。活动节律分析表明：白腹锦鸡营昼行性活动，一天中出现两个活动高峰(8：00~10：00和17：00~19：00)，活动低谷出现在16：00，在20：00~次日6：00几乎没有活动(图12-2)。

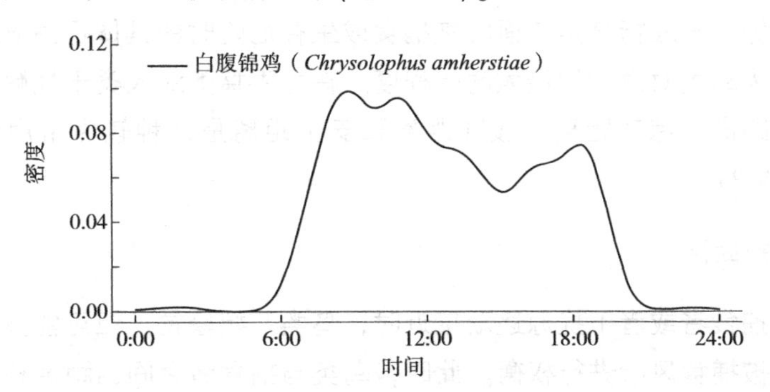

图12-2　白腹锦鸡的活动节律

12.4　实训作业

①根据实训地鸟类资源现状，选取一种便于观察记录的鸟类，运用恰当的取样方法和记录方法，对其行为时间分配和日节律进行分析。

②选取几种便于观察的鸟类，通过观察和文献查阅，制订它们的行为谱。

第 13 章 | 鸟类的警戒行为

13.1 实训目的及意义

鸟类是对环境变化较为敏感的类群，当周围环境对其生存造成压力时，不仅种群数量会产生变化，其行为策略也会做出一定的调整以应对干扰。在各类行为中，警戒行为通常直接反映了鸟类对外界干扰的反应，尤其对人类干扰的调整适应更为明显。通过对鸟类警戒行为的观察，能够识别鸟类的警戒行为，学会鸟类警戒距离的研究设计思路，掌握警戒距离、惊飞距离、缓冲距离和安全距离及环境因子的测量方法，分析鸟类耐受性及其影响因素，进而为后续相关鸟类研究、城市和自然保护地鸟类保护政策制定，以及保护措施的实施等方面提供参考。

13.2 实训内容

鸟类的警戒一般指鸟类在面临被捕食或生存危险时的具体行为表现，从警戒到飞离可视为鸟类对危险的最大耐受程度。在野生鸟类对人类干扰耐受程度的研究中，警戒距离、惊飞距离、缓冲距离和安全距离是几种较为常用的衡量指标(附录一附表 2)。

13.2.1 警戒距离

当发现捕食者或者干扰源逐渐接近时，鸟类开始警觉，但可能并不会立即逃离，而是对被捕食风险进行权衡。此时，鸟类与捕食者之间的距离称为警戒距离(alert distance，AD；图 13-1 中 AC 值)。警戒距离已经被当作衡量鸟类对人为干扰容忍度的主要指标，鸟类开始对接近的人类表现出警戒的行为时，警戒距离越小，表现出其对人为干扰的耐受性越强。

13.2.2 惊飞距离

鸟类在发现接近的捕食者或者干扰源时不会选择立刻逃离，而是先进入警戒状态，表现出警戒性，在捕食者接近的过程中，判断逃离行为可能产生的代价及利益等，根据判断结果确定最佳的逃离距离。当干扰源接近到某一距离时，鸟类不能容忍便会选择逃离，该距离就是鸟类惊飞距离(flush distance，FD；图 13-1 中 BC 值)。鸟类在不同生境中面临的风险及捕食者不同，或因鸟类处于生活史不同阶段时，同一种鸟类的惊飞距离可能会发生变化。

13.2.3 缓冲距离和安全距离

除了警戒距离和惊飞距离以外，缓冲距离和安全距离也可以用来指示动物对被捕食风险的反应。缓冲距离(buffer distance，BD；图 13-1 中 AB 值)即警戒距离与惊飞距离的差值，其大小反映了鸟类对被捕食风险的估计与权衡，缓冲距离越大，鸟类权衡被捕食威胁的时间越长。当鸟类飞离捕食者一定距离后，被捕食风险下降，鸟类将停止飞翔，此时鸟类距捕食者的距离称安全距离(stafety distance，SD；图 13-1 中 BD 值)。安全距离是鸟类惊飞后对被捕食风险重新评价后做出的选择。

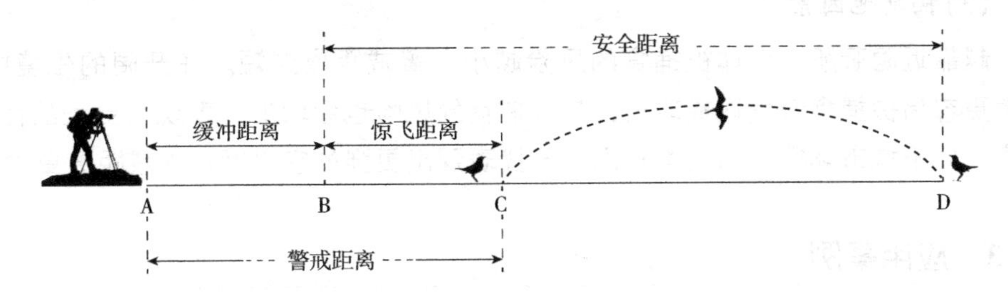

图 13-1 鸟类耐受性的衡量指标示意

13.2.4 鸟类耐受性的影响因子

鸟类的警戒距离、惊飞距离、缓冲距离和安全距离等耐受性指标具有一定的变异性，主要是鸟类面临不同风险时进行权衡的结果。个体被捕食的风险越高，惊飞距离越长。因此，任何与捕食风险相关或影响逃离代价和利益的因素都可能影响其风险权衡过程，最终导致鸟类调整自身的警戒和惊飞距离，这些因素主要包括鸟类自身因素(体型、年龄、性别、集群和个性等)，捕食者特征(捕食者数量、接近速度和方向、注视方向等)，栖息地因素(距隐蔽所距离、停歇高度、生境开阔度等)。

(1)鸟类自身因素

在鸟类评估被捕食风险的过程中，不同鸟类因自身生活史、体型、年龄、集群等因素存在差异，其耐受距离也存在显著差异。例如，首次繁殖、年龄较大的鸟拥有更长的警戒距离；窝卵数更大的鸟愿意承担更大的风险，具有更短的惊飞距离；体型较大的比体型较小的鸟类种类有更长的惊飞距离；成年个体警戒距离比亚成年鸟类的长，因为成年个体判断捕食者危险程度的经验更多，且飞行能力更强。集群大小会影响鸟类的警戒距离，由此产生了两个主要假说：①风险稀释假说(risk dilution hypothesis)认为，随着群体大小的增加，群体内单只个体的被捕食概率会降低；②多眼睛假说(many-eyes hypothesis)认为，个体数的增多会提高发现捕食者的概率，同时个体间的信息共享使群体应对危险的能力增强，最终使个体被捕食的风险降低。

(2)捕食者特征

捕食者的增加，会增加鸟类对风险的感知程度，鸟类可能会选择提早逃离，表现为更长的警戒距离。猎物与捕食者的距离一定时，接近速度更快的捕食者可能被认为具有更大的威胁。鸟类能够准确识别接近者的注视方向，当人类直视目标个体并接近时，鸟类会有更长的惊飞距离。捕食者接近方向为直线的，鸟类认为具有更大的威胁，其惊飞距离也会更长。

(3)栖息地因素

越靠近隐蔽所，个体被捕食的风险越小，警戒距离越短。在开阔的生境中，鸟类更容易被捕食者发现或攻击，其被捕食的风险也会增加，表现为更长的惊飞距离。处于城市环境中的鸟类对人为干扰表现出更强的容忍度，警戒距离更短。

13.3 应用案例

13.3.1 校园常见鸟类的警戒行为

2018年4~5月期间对西南林业大学老校区4种常见地面活动的鸟类(麻雀、鹊鸲、乌鸫、白鹡鸰)的警戒性进行了初步研究。研究期间，每隔3~5 d选择早晚鸟类比较活跃的时段之一(6：30~9：30及16：00~19：00)，对目标个体进行干扰并记录相关数据，包括物种、生境、个体数、种数、警戒行为、警戒距离、惊飞距离，观察到4种鸟类多为单独活动，少数以2~3只进行活动，因此，对群体大小的影响忽略不计。野外实验方法为：在周围无路人或路人距鸟类较远(40 m以外)的情况下，以观察者为中心，于20 m外选择目标个体并记录其初始行为及距目标个体5 m范围内的个体数和种数，由同一名干扰者穿着同一件衣服匀速直线接近目标个体，当目标个体改变其初始行为时距干扰者的距离为警戒距离，干扰者继续前进，当目标个体飞走时距干扰者的距离记为惊飞距离。

实训结果表明：校园内麻雀的警戒距离及惊飞距离分别为(9.62±3.68)m、(8.00±4.02)m；乌鸫的警戒距离及惊飞距离分别为(14.21±4.84)m、(9.52±2.72)m；鹊鸲的警戒距离及惊飞距离分别为(9.78±4.08)m、(7.22±3.25)m；白鹡鸰的警戒距离及惊飞距离分别为(10.52±3.88)m、(7.88±3.55)m。通过比较平均值可看出，乌鸫的警戒距离及惊飞距离均大于其他 3 种鸟，警戒距离最小的为麻雀，惊飞距离最小的为鹊鸲。

乌鸫的警戒距离与其他 3 种鸟均有极显著差异($p<0.01$)，其惊飞距离与鹊鸲有显著差异($p<0.05$)，但与麻雀、白鹡鸰并无显著差异($p>0.05$)。同时，麻雀、鹊鸲及白鹡鸰 3 种鸟两两之间的警戒距离与惊飞距离并无显著差异($p>0.05$)。说明了不同鸟类在相同环境下对同种人为干扰的耐受性有差异，本实训表明乌鸫对人为干扰的耐受性较其他 3 种鸟弱。

13.3.2 湿地鸟类的警戒行为

在甘肃省张掖国家湿地公园 4 个湖域(人工湖、润泽湖、如意湖和鸳鸯湖)，杨爱芳等(2021)用激光测距仪采取目标动物取样法，观察并记录了不同湖域越冬水鸟的警戒行为和游客人数，分析了水鸟对人为干扰响应的个体差异及影响因素。结果调查记录了 15 种水鸟的警戒距离、安全距离和惊飞距离(表 13-1)，其中，渔鸥的警戒距离最大，小䴙䴘的警戒距离最小；绿头鸭的安全距离最大，凤头䴙䴘的安全距离最小；苍鹭的惊飞距离最大，绿头鸭的惊飞距离最小，不同水鸟的警戒距离、安全距离和惊飞距离均存在极显著的种间差异性($p<0.01$)。水鸟的警戒距离、安全距离在不同水域间呈极显著差异($p<0.01$)，惊飞距离在不同水域间无显著差异($p>0.05$)。游客人数与水鸟警戒距离呈显著负相关($p<0.05$)，但与安全距离和惊飞距离无显著相关性($p>0.05$)。惊飞距离与水鸟的体长呈极显著正相关($p<0.05$)，与耐受距离无显著相关性($p>0.05$)。

表 13-1　张掖国家湿地公园冬季 15 种水鸟的警戒距离　m

种名	学名	警戒距离	安全距离	惊飞距离
白眼潜鸭	*Aythya nyroca*	105.33±9.95	98.42±3.78	—
斑嘴鸭	*Anas zonorhyncha*	88.92±3.35	148.84±4.08	79.24±11.60
赤麻鸭	*Tadoma ferruginea*	113.48±12.97	117.35±7.06	194.10±17.90
赤膀鸭	*Mareca strepera*	115.79±6.58	148.74±4.62	112.60±0.00
凤头潜鸭	*Aythya fuligula*	141.57±29.22	—	—
绿翅鸭	*Anas crecca*	75.33±26.83	—	—
绿头鸭	*Anas platyrhynchos*	95.10±8.43	306.80±11.20	45.03±23.14
普通秋沙鸭	*Mergus merganser*	124.41±5.56	187.79±14.01	64.22±6.07
鹊鸭	*Bucephala clangula*	100.23±6.72	117.20±8.50	52.03±7.78
凤头䴙䴘	*Podiceps cristatus*	73.73±13.05	75.20±7.18	65.75±0.25
小䴙䴘	*Tachybaptus rufcollis*	53.41±4.13	109.50±11.50	60.30±15.12

（续）

种名	学名	警戒距离	安全距离	惊飞距离
大白鹭	*Casmerodius albus*	142. 70±82. 40	182. 98±51. 39	146. 35±26. 38
苍鹭	*Ardea cinerea*	—	—	208. 70±24. 53
白骨顶	*Fulica atra*	58. 34±2. 22	109. 87±7. 00	84. 00±0. 00
渔鸥	*Ichthyaetus ichthvaetus*	151. 20±33. 21	164. 39±17. 04	122. 80±35. 20
F 值		19. 543 **	12. 461 **	3. 635 **

注：*F* 值表示方差分析中组间方差与组内方差的比值；* 表示在 $p<0.05$ 水平差异显著；** 表示在 $p<0.01$ 水平差异极显著；数据引自杨爱芳等(2021)。

13.4 实训作业

①在实训地点选取几种地栖性鸟类，对其耐受性指标值进行测量和差异性分析。

②对实训地点水鸟进行调查，统计比较不同水鸟类的警戒距离、惊飞距离、安全距离和缓冲距离的异同，并分析造成这种差异的可能因素。

第 14 章 | 鸟类混合群观察

14.1 实训目的及意义

混合群是鸟类群落的一种重要社会组织形式，也是特定区域内鸟类群落的子集。以实训地不同生境类型中的鸟类混合群为研究对象，通过对鸟类混合群觅食行为的观察，熟悉和了解鸟类混合群野外观察和记录的方法，学会分析不同生境类型的混合群结构特征及混合群中各物种的角色。

14.2 实训内容

14.2.1 混合群的组成和结构

鸟类会形成集群是普遍现象，它们会综合空间、食物、生态位等因素形成同种或异种的鸟类集合体。鸟类的生活方式分为单独个体(solitary individual)、同种集群(conspecific flocks)和异种特异性集群(heterospecific flocks)。单独个体顾名思义指的是在日常活动中以单个个体存在，与其他物种无直接联系；同种集群指同一种物种在生活史中以群体的方式存在；异种特异性集群的物种数至少包含两种，即混合群(mixed-species flocks)。混合群指的是两种或两种以上鸟类组成，数量一般大于 3 只，混合群内个体在活动过程中移动方向保持一致，彼此距离保持在 25 m 内，对潜在的危险发出警戒，成员之间保持着凝聚性。混合群属于鸟类群落的一种社会现象，反映了整个群落的结构和功能。

混合群是鸟类群落中较为显著的一种社会组织形式，不同区域的混合群在群的数量、持久性及稳定性方面表现各不相同。在混合群的组成结构方面，参与混合群的鸟类在降低被捕食的风险的同时还可以提高觅食效率。参加混合群的鸟类几乎全部为留鸟，但也存在小部分候鸟参加混合群。平均种数、平均数量、集群频率这几个参数常被用来描述混合群的特征(表 14-1)。

一般来说，混合群中各物种的角色包括核心种(nuclear species)和跟随种(follower species)。核心种是混合群觅食活动的领导者和组织者，能够吸引其他物种加入混合群中，并在维持混合群的凝聚性和稳定性方面起着非常重要的作用，其在各混合群里的平均数量一般多于 3 只，出现在混合群里的频率大于 50%，并且在群里表现出显著的取食行为，持续地留在混合群里；另外一些物种在各混合群中的平均数量少于核心种，经常持续地留在混合群中，被作为跟随种来看待。一般而言，特定栖息地中某一物种集群发生率大于25%时，常被看作集群常见种(frequently-flocking species)。

表14-1　混合群特征参数及定义

混合群特征参数	定义
平均种数	指每个混合群的鸟类种数
平均数量	指每个混合群鸟类数量
集群频率	指某一特定鸟种出现在群的次数占该林型所有混合群数量的比例

14.2.2　鸟类混合群的成因

关于混合群形成机制，主要有两种假说：

(1)降低被捕食风险假说

该假说阐述的是一个个体通过加入混合群而降低被捕食的偶然性。这种假说基于两个假设：“许多眼睛”假设一个个体加入集群会增加很多“眼睛”来提高警惕，降低被捕食的概率；“数量安全性”假设整个集群可作为被捕食偶然性的缓冲，从而减少个体被捕食的概率。

(2)提高觅食效率假说

该假说也适用“许多眼睛”假设，集群的扩大使群的“眼睛”增多，有利于食物的定位，与此同时减少因单独觅食花费在警戒上的时间，从而获得更多的觅食时间和机会来提高觅食效率。

由于实训时间较短，所采集的样本量较少，以上假说难以验证。但实训期间所观察到的鸟类混群行为现象及采集的数据，可为后续深入研究提供一定的基础。

14.3　应用案例

14.3.1　森林鸟类混合群观察

根据调查区域的地形和实际情况，将所调查范围分为不同生境类型(如针叶林、针阔混交林、阔叶林、湿地、农田等)。研究采用样线记录和定点观察相结合的方法。在每种生境各设置几条样线，每条样线长1~3 km，互不重叠，然后在每条样线上设置10个固定样点，样点之间距离为200~300 m，并用GPS仪确定坐标，以便每次调查在同一地点进行。调查选择在晴朗无风的天气条件下，并在每日鸟类活动高峰期进行。

借助双筒望远镜(8×42)观察，当发现鸟类混合群时，除记录所观察到的混合群所有鸟的种类、数量外，还需要长时间观察和跟随，记录混合群中的鸟类核心种和跟随种。以云南楚雄紫溪山省级自然保护区冬季实训调查为例，本次实训根据保护区地形和实际情况，将其划分为阔叶林、针叶林、人工林和农田 4 种生境类型。所有生境采用样线法进行鸟类调查，共设置了 12 条样线，其中阔叶林 4 条，针叶林 6 条，人工林 1 条和农田 1 条。每条样线长度为 1.8~2 km。调查人员沿设计好的样线进行调查，使用"两步路"APP 记录行走轨迹，并记录样线 50 m范围以内所观察到的混合群种类和数量。为保证记录不重复，不记录由身后飞至眼前的鸟类种类。本次调查中共记录了 10 个混合群，参与混合群的鸟类共 268 只，隶属于 2 目 14 科 22 种。其中，阔叶林中发现 5 个鸟类混合群，占 50%；针叶林中发现 4 个鸟类混合群，占 40%；人工林中发现 1 个混合群，占 10%，农田中未发现混合群。在 10 个混合群中，以云南雀鹛为核心种的鸟类混合群有 4 个，黄腹扇尾鹟、黄眉柳莺、斑喉希鹛和绿背山雀均为跟随种；而以斑姬啄木鸟为核心种的混合群有 1 个，红头长尾山雀为跟随种。以斑胸钩嘴鹛为核心种的混合群，跟随种为褐胁雀鹛；在以红头长尾山雀为核心种的混合群中，黄腰柳莺和绿背山雀为跟随种；以黑眉长尾山雀为核心种的混合群，绿背山雀为跟随种；以灰腹绣眼鸟为核心种的混合群，黄眉柳莺和黄腰柳莺为跟随种；以蓝翅希鹛为核心种的混合群，黄腰柳莺为跟随种。

14.3.2 湿地鸟类混合群观察

不同生境类型中的鸟类混合群结构及其核心种和跟随种也会存在差异。例如，李相林等(2015)采用样点法对滨海人工湿地的越冬鸟类混合群行为进行了观察研究，结合生境类型，分析了混合群的组成和结构。结果表明，鸟类混合群在深水虾塘与浅水虾塘生境持续的平均时间分别为(51.6±33.6) min/群与(31.9±13.3) min/群。平均水深 15 cm 的深水虾塘与平均水深 5 cm 的浅水虾塘中均分布有 11 种鸟类，深水虾塘的主要水鸟为体型中等的鹤鹬、青脚鹬、泽鹬；浅水虾塘的主要水鸟是小型个体的金眶鸻、青脚滨鹬。深水虾塘鸟类混合群的平均物种数及个体数分别为(5.48±1.60)种/群和(18.75±11.67)只/群，浅水虾塘鸟类混合群则分别为(3.93±1.14)种/群和(11.65±5.12)只/群。深水虾塘的核心种鹤鹬及跟随种青脚鹬、泽鹬在浅水虾塘属于加入种；而浅水虾塘的核心种金眶鸻及跟随种青脚滨鹬在深水虾塘属于加入种。该研究表明，在深水虾塘和浅水虾塘两种生境下的鸟类混合群结构及其核心种和跟随种均存在明显差异。

14.4 实训作业

①观察实训地鸟类的混群行为，记录下物种的种类和数量，并学会分析混合群中各物种的角色。

②比较不同生境类型中混合群的结构变化。

第15章 | 访花和食果鸟类调查

15.1 实训目的及意义

显花植物的传粉和种子传播系统中，植物的坐果量、基因多样性、种群优势度、集合种群的动态受访花物种和访问频率的高低影响。了解鸟媒开花植物的访花和食果鸟类情况，可以评估该植物的生活史情况，也可以了解该地生态系统的稳定性。通过野外调查当地的鸟类多样性和鸟媒植物群落中的访花和食果鸟类组成，分析鸟媒植物的主要访问鸟类，对探讨鸟媒植物群落的维持机制有一定意义。

15.2 实训内容

典型的鸟媒(ornithophily)植物传粉和坐果的成功率取决于访问花朵和取食果实鸟类的种类、访问频率和数量。通过调查该植物分布区内的鸟类多样性和该植物的访花和食果鸟类组成，分析鸟媒植物的主要访问鸟类，可了解鸟媒植物群落维持机制。

动植物关系网络研究的焦点问题有：传粉和食果系统的特征总结，如传粉媒介与植物的系统有专化传粉系统(specialization pollination system)和泛化传粉系统(generalization pollination system)两类。专化传粉系统指的是少数特定物种为植物提供传粉服务，而泛化传粉系统则涉及多个物种共同参与传粉。传粉网络是指传粉动物与植物之间形成的复杂互动关系。这种复杂关系在植物与传粉媒介之间可以发生协同进化。关于传粉动物与植物间协同进化形成的假说有，鸟类在饮水或捕捉昆虫时偶然取食花朵中的花蜜，逐渐将花蜜作为稳定的能量来源，从而引发鸟-花之间的协同进化。

15.2.1 访花鸟类调查

在调查开始前应先了解清楚该区域内开花植物的种类、开花时间及分布区域等，对研究区域内的开花植物应有一份详细的记录表和分布图。若调查区域内开花植物不集中，可采用焦点树观察进行调查；尽量选取开花植物相对较多的区域设置样线。样线长度设置在 1~3 km，记录样线上所见到的所有鸟种，如果没有访花行为则只用记录物种名称、数量等，有访花行为的除以上记录信息外，还要完成访花鸟类野外调查记录表和访花鸟类组成与访花频次记录表(附录一附表 3 和附表 4)。

鸟的居留型和食性可分为杂食性鸟(O)、肉食性鸟(C)、食果鸟(F)、食虫鸟(I)、食果食虫鸟(F-I)、食谷食虫鸟(G-I)和食花蜜食虫鸟(N-I)7 种类型。

鸟类数量等级采用频率指数估计法来划分。鸟类优势度等级划分标准为：优势种($I \geq 5$)；常见种($2 \leq I < 5$)；稀有种($I < 2$)。

优势度计算公式：

$$I = R_{ij} O_{ij}$$

式中：R_{ij}——j 时间段内第 i 鸟类的遇见率(只/h)；

O_{ij}——j 时间段内第 i 鸟类的出现频度百分比。

15.2.2 食果鸟类调查

选取结实率高、利于观察的树作为目标树。结合样线调查，选择固定样线，以 1~2 km/h 的行进速度，观察并详细记录鸟类的种类、取食基质、取食次数、访问时间、取食数量和取食方式，完成食果鸟类组成与取食频次记录表(附录一附表 5)。

采用 T 检验(one-sample T-test)对不同鸟类的取食次数进行检验；数据分析在 SPSS 22.0 上完成，差异水平设定为 $p<0.05$。

15.3 应用案例

15.3.1 怒江河谷木棉花的访问鸟类调查案例

该研究在云南省保山市浪坝村、张贡村和丙闷村设置了 3 块 100 m×100 m 的样地。样地内木棉树高为(18.00±1.36) m，胸径为(1.20±0.28) m；每块样地中标记4 个50 m×50 m 的小样方，于每日 8：00~18：00 每隔 1 h 调查一次，每次调查时间持续 1 h；以样方的4 个角为观察点，顺时针方向依次进行小样方观察，使用手机软件定时记录15 min，使用双筒望远镜扫描观察；第二天顺延到下一个样方调查。记录正在访问花朵的鸟种(有头伸进花里的动作)，以及飞入小样方访问花朵的种类，飞出小样方范围的不予记录，同一种成群飞入小样方内的，只要有 1 只访问花朵则按整群只数进行记录。同时距设置的样方 200 m 以外区域设置长约 2 km 的可变距离样线，尽可能覆盖周边的生境。在样方调查的停歇时间内进行调查，第二天顺延到下一个样方相邻的样线调查。记录样线上所见鸟类种类、数量以及距样线中心的垂直距离。鸟类野外识别方法依据《中国鸟类野外手册》。

最终得到表 15-1 所列记录表，去除天气等因素影响的异常数据。共记录到访花鸟类 1 462 只次，隶属于 2 目 17 科 31 种。雀形目鸟类 30 种，占 96.78%；非雀形目 1 种。按居留类型分析有留鸟 29 种，占 93.6%；冬候鸟 2 种，占 6.4%。按食性集团分有 6 种食性，分别为食果鸟 5 种，占 16.13%，访问频次 963 次，占 65.87%；食虫鸟 15 种，占 48.39%，访问频次 157 次，占 10.74%；食果食虫鸟 4 种，占 12.9%，访问频次 207 次，占 14.16%；食花蜜食虫鸟 2 种，占 6.45%，访问频次 4 次，占 0.27%；食谷食虫鸟类 1 种，占 3.23%，访问频次 18 次，占 1.23%；杂食鸟 4 种，占 12.9%，访问频次 113 次，占 10.74%。

记录到河谷其他生境鸟类 2 844 只次，隶属于 11 目 37 科 101 种(表 15-2)，雀形目鸟类 78 种，占 77.2%；非雀形目鸟类 23 种，占 22.8%。按居留类型划分有留鸟 89 种，占 88.12%；冬候鸟 12 种，占 11.88%。按区系从属划分有东洋界鸟类 76 种，占 75.25%；古北界鸟类有 7 种，占 6.93%；广布种鸟类有 18 种，占 17.82%。按食性集团划分有 7 种，肉食性鸟 9 种，占 8.91%；食虫鸟 67 种，占 66.34%；食果鸟 5 种，占 4.95%；食果食虫鸟 3 种，占 2.97%；食谷食虫鸟 3 种，占 2.97%；食蜜食虫鸟 3 种，占 2.97%；杂食性鸟 6 种，占 5.94%。

表 15-1　怒江河谷冬春季鸟类和木棉访花鸟类组成

种名	访花鸟类		河谷鸟类		居留情况①	食性②
	访问频率	优势度	遇见率	优势度		
普通鸬鹚 *Phalacrocorax carbo*	—	—	6	0.012	R	C
凤头鹰 *Accipiter trivirgatus*	—	—	1	0.000	R	C
雀鹰 *Accipiter nisus*	—	—	1	0.000	R	C
日本松雀鹰 *Accipiter gularis*	—	—	1	0.000	R	C
……	…	…	…	…	…	…
长尾山椒鸟 *Pericrocotus ethologus*	3	0.005	11	0.039	R	I
黑冠黄鹎 *Pycnonotus melanicterus*	5	0.014	2	0.001	R	F
红耳鹎 *Pycnonotus jocosus*	87	4.191	169	9.130	R	F
黄臀鹎 *Pycnonotus xanthorrhous*	174	16.762	86	2.364	R	F
黑喉红臀鹎 *Pycnonotus cafer*	656	238.255	266	22.617	R	F
……	…	…	…	…	…	…

注：①R 为留鸟；W 为冬候鸟；②C 为肉食性鸟，I 为食虫鸟，F 为食果鸟，F-I 为食果食虫鸟，G-I 为食谷食虫鸟，N-I 为食蜜食虫鸟，O 为杂食性鸟。

表 15-2 鸟类组成与访花频次分析

划分依据	类型	河谷鸟类		访花鸟类			
		种数	种数百分比(%)	种数	种数百分比(%)	访花频次	访花频次百分比(%)
居留情况	留鸟	88	87.13	29	93.55	1 443	98.70
	夏候鸟	1	0.99	—	—	—	—
	冬候鸟	12	11.88	2	6.45	19	1.30
区系从属	东洋界	76	75.25	24	77.42	1 348	92.2
	古北界	7	6.93	2	6.45	25	1.71
	广布种	18	17.82	5	16.13	89	6.09
食性	肉食性(C)	9	8.91	—	—	—	—
	食果鸟(F)	5	4.95	5	16.13	963	65.87
	食虫鸟(I)	67	66.34	15	48.39	157	10.74
	食果食虫鸟(F-I)	8	7.92	4	12.90	207	14.16
	食谷食虫鸟(G-I)	3	2.97	1	3.23	18	1.23
	食蜜食虫鸟(N-I)	3	2.97	2	6.45	4	0.27
	杂食性鸟(O)	6	5.94	4	12.90	113	7.73

在怒江调查例子中，访花鸟类中优势种有 4 种，访问 1 099 只次，占总调查数的 75.17%。优势度从高到低依次为黑喉红臀鹎(*Pycnonotus cafer*)238.255、黄臀鹎(*Pycnonotus xanthorrhous*)16.762、栗耳凤鹛(*Yuhina castaniceps*)14.351、灰腹绣眼鸟(*Zosterops palpebrosus*)6.458。常见种有 2 种，访问 149 只次，占总调查数的 10.19%，分别是红耳鹎优势度 4.191、灰卷尾(*Dicrurus leucophaeus*)优势度 2.128。稀有种 25 种，访问 214 只次，占 14.64%。河谷其他生境鸟类优势种 6 种，遇见 1 539 只次，占总调查数 2 844 只次的 54.11%。从高到低依次为栗耳凤鹛优势度 81.197、黑喉红臀鹎优势度 22.617、灰腹绣眼鸟优势度为 10.822、红耳鹎(*Pycnonotus jocosus*)优势度 9.13、灰胸山鹪莺(*Prinia hodgsonii*)优势度 8.183、斑文鸟(*Lonchura punctulata*)优势度 5.319、麻雀(*Passer rutilans*)优势度 5.156。常见种 2 种，遇见 199 只次，占总调查只次的 7%，家燕(*Hirundo rustica*)

优势度 4.082、黄臀鹎优势度 2.364。稀有种 93 种，遇见 1 106 只次，占总调查只次的 38.89%。

15.3.2 食果鸟类调查研究案例

以江苏省南京中山植物园鸟类对香樟果实(种子)的取食研究为例。在植物园中选取 4 棵香樟树作为目标树，每天 6：30~9：00 和 15：30~17：00 进行调查；使用变焦双筒望远镜，采用焦点扫描法对植物园内访问香樟果实(种子)的鸟类行为进行观察，详细记录鸟类种类(整吞果实、啄食果肉和取食种子)、取食基质、取食次数、取食时间、取食数量和取食方式等信息；直至其离开目标树为止，并完成食果鸟类组成与取食频次记录表(详见附录一附表 5)。所有观察都在天气晴朗的日期进行。鸟类的体重、体长和嘴峰长数据来自《中国鸟类野外手册》和《中国鸟类志》。

结果累计有效观察 48 d，共记录了鸟类取食香樟果实(种子)行为 1 021 次，包括 3 目 13 科的 27 种鸟取食香樟的果实(种子)，其中，雀形目鸟类 25 种，鸽形目与鸳形目各有 1 种。

从取食基质上看，山斑鸠(*Streptopelia orientalis*)、红嘴蓝鹊(*Urocissa erythroryncha*)、灰喜鹊(*Cyanopica cyanus*)、灰背鸫(*Turdus hortulorum*)、乌鸫(*Turdus mendarinus*)、黑脸噪鹛(*Garrulax perspicillatus*)和黑领噪鹛(*Garrulax pectoralis*)这 7 种鸟类既在树上取食，也在地面取食；画眉(*Garrulax canorus*)仅在地面觅食；其余的 19 种鸟类只在树上取食。

从取食方式上看，白头鹎(*Pycnonotus sinensis*)、灰喜鹊和乌鸫这 3 种鸟类既整吞果实又啄食果肉；灰树鹊(*Dendrocitta formosae*)、黄腹山雀(*Periparus venustulus*)和黑尾蜡嘴雀(*Eophona migratoria*)取食种子，暗绿绣眼鸟(*Zosterops japonicus*)、银喉长尾山雀(*Aegithalos caudatus*)、大山雀(*Parus major*)和黄喉鹀(*Emberiza elegans*)啄食果肉，其余 17 种鸟类以整吞方式取食果实。

从取食时间上看，16 种鸟类在 11 月至次年 2 月均有取食，4 种鸟类在 12 月至次年 2 月有取食，6 种鸟类仅在 11 月取食，1 种鸟类仅在 12 月取食。

记录到的 27 种鸟类中，其中冬候鸟 4 种，分别为红胁蓝尾鸲(*Tarsiger cyanurus*)、灰背鸫、斑鸫(*Turdus eunomus*)和黄喉鹀；旅鸟 1 种为乌灰鸫(*Turdus cardis*)；其余 22 种鸟均为留鸟，占全部取食香樟果实(种子)鸟类的 81.5%。

在植物园调查例子中，共记录了鸟类取食行为 1 021 次，白头鹎、乌鸫和灰喜鹊的取食次数最高，分别占取食总次数的 23.6%、23.5%和 11.9%。

15.4 实训作业

①选取实训地点种群数量较多的开花植物，在其开花时期调查访花鸟类和环境中的鸟类组成。

②选取实训地鸟类采食果实较多的树种，调查食果鸟类的组成、取食行为和取食频率等。

第 16 章 | 实训论文撰写

16.1 实训论文的目的和要求

实训论文是对野外实训的总结，是培养学生独立思考、团队合作和科学表达能力的重要教学环节。在野外实训过程中，学生记录了大量的一手资料，观察到了很多现象，获得了一批有价值的数据。要从提高学生的综合能力和科学的角度出发，进行深入分析，透过现象看本质，完成实训论文的撰写。除了要求学生注意获取相关数据外，还要有连贯性的记录、相应的数据分析及规范的写作，同时结合学过的鸟类学知识，有针对性地提出有价值的观点。从而通过实训论文的撰写，提高学生分析问题和解决问题的综合能力。

16.2 实训论文的写作方法

野外实训结束后，学生在教师的指导下及时对收集的数据进行整理、分析，然后按照科技论文格式进行相应的论文写作。实训论文一般分为 3 个部分：①文前部分，包括题目、署名、作者单位、摘要、关键词等；②主体部分，包括引言或前言、正文、结论、致谢、参考文献等；③辅文部分，包括基金项目(实训选写)、作者简介、注释、文前部分的英文翻译等。基本写作方法如下：

(1)*题目*

实训的题目一般由指导教师给出，选定题目后便可事先查阅文献，熟悉相关内容，并与老师和小组同学进行交流、讨论，提出自己的研究方案。

论文题目必须充分概括论文的主题和内容，必须做到醒目、准确得体、简短精练、具有概括性，一般论文题目不超出 20 字。

(2)*署名*

将参与该论文的所有小组成员及指导教师的名字列出，可根据所做贡献的大小或姓氏笔画、姓氏拼音等顺序排序。

(3)*摘要*

摘要是对论文内容的浓缩，是论文内容不加注释和评论的简短陈述，应具有独立性和自含性，即不阅读全文，就能获得必要的信息。通过阅读摘要读者即可确定是否有必要阅读全文。

摘要通常在论文完稿后用第三人称撰写，同时需要将中文摘要译成英文或其他文种。摘要应包含研究目的、研究对象和内容、研究方法、研究结论。论文摘要文字必须十分简练，内容也需充分概括，其字数一般不超过论文总字数的5%。

(4)关键词

关键词属于图书馆学词汇，用于表达实训主题内容，要有利于检索。论文中一般从标题、摘要、正文中提选同行熟知的通用性专用词汇作为关键词，充分表达文章的主题，忌用概括性词汇。一般选用3~8个词汇，个数太少不利于检索，个数太多又容易造成表达的含义偏离主题，使主题含义混乱。

关键词是表达论文主题的最重要的词或词组，可以比标题的内涵更丰富。关键词没有前后顺序，其表达一定含义时靠词的组合，所以要求每个关键词的词意要完整。组合词不能拆开，例如，“行为节律”“繁殖生态学”“惊飞距离”等。

(5)前言

介绍前人的相关工作，在承认前人工作成果的同时，指出该领域仍需进一步研究的方向或问题，进而提出自己研究的内容或拟验证的假说。一般包括4个方面：前人研究的结论和分析、本研究的目的和意义、采用的方法和研究途径、最重要的研究成果。以上内容都可以撰写，也可以选择主要的来写。

前言写作过程中要开门见山，不绕圈子；不与摘要中的文字重复；不列图表和公式的推导；切忌空泛，不要重复教科书或众所周知的内容。要定位精准，强调研究或应用价值。

(6)实训地的自然概况

描述实训地的地理位置、地质、地貌、气候、植被和动物类群等信息，甚至对动物有影响的社会、经济、历史和风俗习惯情况也需要调查记录。让读者了解该动物栖息地的环境和人文情况，从而理解动物与实训地的环境状况。

(7)方法

简要叙述调查方法和数据的统计分析方法。叙述要清楚和准确，详尽程度以可重复为准。鸟类学实训的研究材料和方法，通常含研究材料、外业工作和内业数据分析，研究材料部分也融入其他两部分中，但需要标明其具体生产厂家、型号等，如使用化学试剂时，要写清楚试剂名称、纯度和供应商。外业工作需要详细描述数据采集的过程，量化的方法，必要时辅以流程图，研究方法在描述时要有鲜明的层次感，对每个步骤之间的顺序和关联要描述清楚，不要造成方法混乱或错用的印象。

(8)结果

结果是实训论文的核心，是对野外实训调查结果的总结和归纳。结果应尽可能采用表格和图来展示，数据应使用统计学方法来分析。

(9)讨论

讨论是对结果的解释和展开，可以通过与其他研究结果进行比较，找出其异同点，阐述清楚其原因；也可以通过对结果所反映的规律，使用相关的理论进行分析，指出其形成原因；最后小结研究结果，进而指出以后需进一步解决的问题。

(10)致谢

对于在实训过程中为实训者提供了帮助，而未在作者署名中列出的人员进行致谢。或对在实训过程中提供过支持和帮助的单位进行致谢。

(11)参考文献

参考文献是作者在撰写实训论文时引用的前人或者他人的观点、数据或文献等。实训论文一般要求必须著录相关的参考文献，建议阅读和掌握国家标准《信息与文献 参考文献著录规则》(GB/T 7714—2005)，按照国家标准选择一种引用格式，全文统一引用。引用格式一般分为两种，分别为：

①作者-出版年制　参考文献表按著者字顺(姓氏笔画或姓氏首字母的顺序)和出版年排序。在正文中采用“作者+逗号+出版年”格式来标志所引文献的出处，即作者出版年制。

a. 文中参考文献：若所引文献有三名以上作者时，正文引用处仅在第一作者后加“等”字后，再加出版年。如果引用多篇文献，按照文献发表的年份先后排列，如果同年的按照姓名字母先后顺序排列，文献间用“；”隔开。例如，1个作者(夏武平，1996)或(Abbot，2001)；2个作者(Laycock and Richardson，1975)或(冯祚建和郑昌琳，1985)；3个作者以上(Williams et al.，1986)或(张知彬等，1993)。引用多篇文献(郑光美，1995；Carlos et al.，2018；Tong and Webster，2020；马国强等，2021)。

b. 文后参考文献：应列出全部作者姓名，国外作者姓名的书写是先姓后名，名后不加缩写点，作者之间用“，”分开。文后参考文献书写排列顺序统一为作者、日期、论文题目、发表期刊(或出版社)、刊号(卷号、期号)和页数等。日期也可放在刊号前面，不同的学术期刊要求不同，但不管是学术期刊还是实训论文，都要统一一种排序方法，不能混用。

引用期刊论文的格式如下：“段菲，李晟. 黄河流域鸟类多样性现状、分布格局及保护空缺[J]. 生物多样性，2020，28(12)：1459-1468.”或“Carlos O A，

Marco A P. 2018. Breeding biology of the Restinga Tyrannulet (*Phylloscartes kronei*) [J]. The Wilson Journal of Ornithology, 130(3): 591-599."

引用专著一般为"作者姓名. 出版年. 书名. 出版地: 出版社. 起止页码.", 如: "郑光美. 1995. 鸟类学[M]. 北京: 北京师范大学出版社. 3-24." 或 "Tong W, Webster M. 2020. Bird Love: The Family Life of Birds[M]. Princeton: Princeton University Press. 10-20. "

引用论文集的格式为"作者姓名. 出版年. 论文题目. 见(英文用 In): 编者. 论文集名. 出版地: 出版社. 起止页码."。如: "郭建荣, 邱高才, 王建萍, 等. 2000. 芦芽山自然保护区褐马鸡的种群数量及其分布[C]. 见: 中国鸟类学研究——第四届海峡两岸鸟类学术研讨会文集. 北京: 中国林业出版社. 362-363. "或" Church F S. 1991. The common shrew. In: Corbett GB, Harris S eds. Handbok of British Mammals. London: Blackwell Sciences Publication, Oxford. 51-581."

除上述类型外，还有论文报纸文章、学位论文、研究报告、技术标准、专利、电子文献等其他，均可按照《信息与文献 参考文献著录规则》(GB/T 7714—2005)格式引用。

参考文献一般按照中文在前，英文在后的顺序排列；英文文献按第一作者姓氏首字母升序排列，中文参考文献可按第一作者姓氏笔画顺序或姓氏拼音排列。引用的文献需是正式发表的学术论文或出版的专业书籍；尽可能引用最新的高水平文献；适当引用外文文献；同时，注意文献格式的统一等。

②顺序编码制　对所引用的文献，按它们在论文中出现的先后顺序用阿拉伯数字连续编码，将序号置于方括号内，并视文中具体情况把序号作为上角标或者语句的组成部分，然后在文后参考文献表中，按顺序由先到后进行著录。例如，文中显示"土地利用类型变化被认为是东方白鹳栖息地和种群减少的主要原因[30]……"对应参考文献处为"[30]Zheng H, Shen G, Shang L, et al. Efficacy of conservation strategies for endangered oriental white storks (*Ciconia boyciana*) under climate change in Northeast China. Biological Conservation, 2016, 204: 367-377. "

引用专著、论文集、报纸文章、学位论文、研究报告、技术标准、专利、电子文献等除文中标注和文后排序外，其他内容和作者-出版年制相同。

16.3 实训作业

①根据实训题目，完成一篇实训论文。

②实训论文写作过程中的难点是什么？有哪些注意事项？

参考文献

鲍明霞，杨森，杨阳，等，2019. 城市常见鸟类对人为干扰的耐受距离研究[J]. 生物学杂志，36(1)：55-59.
曹慧娟，1992. 植物学[M]. 2版. 北京：中国林业出版社.
曹永恒，1993. 云南潞江坝怒江干热河谷植物区系研究[J]. 云南植物研究，15(4)：339-345.
陈广文，李仲辉，2008. 动物学实验技术学[M]. 北京：科学出版社.
陈家宽，杨继，1994. 植物进化生物学[M]. 武汉：武汉大学出版社.
程红，陈茂生，2005. 动物学实验指导[M]. 北京：清华大学出版社.
程嘉伟，邓昶身，鲁长虎，2014. 苏州太湖湖滨人工种植和原生芦苇湿地鸟类群落[J]. 动物学杂志，49(3)：347-356.
崔鹏，徐海根，丁晖，等，2013. 我国鸟类监测的现状、问题与对策[J]. 生态与农村环境学报，29(3)：403-408.
邓梦先，梁丹，罗旭，2021. 高黎贡山火尾绿鹛的鸣声特征分析[J]. 动物学杂志，56(2)：171-179.
丁平，张正旺，梁伟，等，2019. 中国森林鸟类[M]. 长沙：湖南科学技术出版社.
段玉宝，田秀华，朱书玉，等，2010. 东方白鹳繁殖期行为时间分配及日节律[J]. 生态学杂志，29(5)：968-972.
方小斌，邹瑀琦，丁长青，2017. 鸟类惊飞距离及其影响因素[J]. 动物学杂志，52(5)：897-910.
冯莹莹，李奇生，梁丹，等，2019. 云南紫溪山冬季鸟类丰富度年间变化研究[J]. 西南林业大学学报(自然科学)，39(4)：110-115.
傅桐生，高玮，宋榆钧，1987. 鸟类分类及生态学[M]. 北京：高等教育出版社
耿宝荣，2012. 动物学实验[M]. 北京：科学出版社.
顾垒，张奠湘，2009. 中国植物区系的鸟类传粉现象[J]. 热带亚热带植物学报，17(2)：194-204.
郭冬生，2007. 常见鸟类野外识别手册[M]. 重庆：重庆大学出版社.
贺秉军，赵忠芳，2017. 动物学实验[M]. 北京：高等教育出版社.
侯森林，费宜玲，刘大伟，等，2022. 白鹭和大白鹭羽毛显微结构观察[J]. 南京

林业大学学报(自然科学版)，46(1)：156-162.
侯森林，刘大伟，费宜玲，等，2018. 雌雄黑水鸡羽毛显微结构比较[J]. 安徽农业大学学报，45(6)：1034-1038.
侯森林，2014. 隼形目鸟类体羽显微结构观察[J]. 江西农业大学学报，36(4)：855-860.
蒋志刚，2004. 动物行为原理与物种保护方法[M]. 北京：科学出版社.
李晟，王大军，肖治术，等，2014. 红外相机技术在我国野生动物研究与保护中的应用与前景[J]. 生物多样性，22(6)：685-695.
李国彬，邵曰派，黄婧雪，等，2022. 黑颈长尾雉在云南省的分布新纪录[J]. 野生动物学报，43(1)：234-240.
李海燕，2008. 动物学野外实习教程[M]. 广州：华南理工大学出版社.
李巧，2011. 物种累积曲线及其应用[J]. 应用昆虫学报，48(6)：1882-1888.
李相林，谢华，杨瑞刚，等，2015. 滨海人工湿地越冬鸟类混合群结构及角色[J]. 动物学杂志，50(2)：194-203.
刘敬泽，吴跃峰，2013. 动物学实验教程[M]. 北京：科学出版社.
刘阳，陈水华，2021. 中国鸟类观察手册[M]. 长沙：湖南科学技术出版社.
陆彩虹，鲁长虎，2019. 南京中山植物园鸟类对香樟果实(种子)的取食[J]. 动物学杂志(6)：784-792.
路纪琪，张改平，刘忠虎，2007. 动物生物学野外实习指导[M]. 郑州：郑州大学出版社.
罗旭，段玉宝，唐甜甜，2021. 西南林业大学校园鸟类[M]. 北京：中国林业出版社.
倪喜军，郑光美，张正旺，等，2001. 雉鸡(*Phasianus colchicus*)营巢生境的模拟分析研究(英文)[J]. 生态学报，21(6)：969-977.
潘扬，徐丹，鲁长虎，等，2017. 食果鸟类对红楠种子的传播作用[J]. 生态科学，36(2)：63-67.
赛道建，贾少波，2010. 普通动物性实验教程[M]. 北京：科学出版社.
尚玉昌，2018. 动物行为学[M]. 北京：北京大学出版社.
田向楠，伍建榕，郑艳玲，等，2014. 木棉植物相关研究进展[J]. 林业调查规划，8(4)：36-41.
王方，汤永晶，张巧关，等，2020. 云南省新平县野生绿孔雀种群数量及分布现状[J]. 湖北农业科学，59(12)：129-133，144.
王会香，2008. 动物解剖原色图谱[M]. 合肥：安徽科学技术出版社.
王楠，朱平芬，万蒙，等，2013. 四川海子山黑颈鹤繁殖种群的分布与数量[J].

生态与农村环境学报，29(2)：265-268.
文雪，严勇，和梅香，等，2020. 2种调查方法对四川黑竹沟国家级自然保护区3种雉类种群密度调查的比较[J]. 四川动物，39(1)：68-74.
文云燕，谢以昌，李学红，2016. 恐龙河州级自然保护区绿孔雀监测探讨[J]. 林业调查规划，41(4)：69-71.
吴勃，2014. 科技论文写作教程[M]. 2版. 北京：中国电力出版社.
吴新然，周用武，陈粉粉，等，2014. 75种陆栖性鸟类羽毛扫描电镜观察[J]. 四川动物，33(1)：71-77.
吴忠荣，韩联宪，匡中帆，等，2007. 保山怒江河谷东岸农耕区春夏季鸟类多样性[C]. 成都：中国动物学会鸟类学分会第九届学术研讨会.
伍玉明，2009. 生物标本的采集、制作、保存与管理[M]. 北京：科学出版社.
肖方，1999. 野生动植物标本制作[M]. 北京：科学出版社.
肖华，张雁云，2009. 鸟类鸣声研究[J]. 生物学通报，44(3)：11-13.
肖治术，李欣海，王学志，等，2014. 探讨我国森林野生动物红外相机监测规范[J]. 生物多样性，22(6)：704-711.
许龙，张正旺，丁长青，2003. 样线法在鸟类数量调查中的运用[J]. 生态学杂志(5)：127-130.
薛大勇，2010. 动物标本采集保藏鉴定和信息共享指南[M]. 北京：中国标准出版社.
岩道，韩联宪，程闯，等，2012. 紫溪山云南松林春季鸟类的垂直空间分布[J]. 西南林业大学学报，32(1)：69-73.
杨爱芳，刘钊，吴银环，等，2021. 张掖国家湿地公园越冬水鸟的警戒距离分析[J]. 湿地科学与管理，17(1)：4-8.
杨安峰，1984. 脊椎动物学实验指导[M]. 北京：科学出版社.
杨春锋，郭友好，2005. 被子植物花部进化：传粉选择作用的客观评价[J]. 科学通报，50(23)：2574-2581.
杨岚，2004. 云南鸟类志(下卷)[M]. 昆明：云南科技出版社.
杨琰云，伟正道，等，2005. 动物学实验教程[M]. 北京：科学出版社.
余建平，王江月，肖慧芸，等，2019. 利用红外相机公里网格调查钱江源国家公园的兽类及鸟类多样性[J]. 生物多样性，27(12)：1339-1344.
喻庆国，2007. 生物多样性调查与评价[M]. 昆明：云南科技出版社.
于晓平，李金钢，2015. 秦岭鸟类野外实习手册[M]. 2版. 北京：科学出版社.
约翰·马敬能，卡伦·菲利普斯，何芬奇，2022. 中国鸟类野外手册[M]. 长沙：湖南教育出版社.

张步彩，王涛，2017. 动物解剖彩色图鉴[M]. 北京：中国农业大学出版社.
张菁，白煜，黄子强，等，2021. 盐地碱蓬盐沼与相邻泥质滩涂湿地迁徙期鸻鹬类的群落组成及行为差异[J]. 生物多样性，29(3)：351-360.
张倩雯，龚粤宁，宋相金，等，2018. 红外相机技术与其他几种森林鸟类多样性调查方法的比较[J]. 生物多样性，26(3)：229-237.
赵晨光，陈飞，颜再奎，等，2021. 同域分布的白腹锦鸡和红腹角雉的活动节律及种间联结关系[J]. 生态学杂志，40(12)：8-14.
赵高卷，葛娈，马焕成，等，2014. 元江干热河谷木棉蒴果形成和纤维发育过程[J]. 应用生态学报，25(12)：3443-3450.
赵正阶，2001. 中国鸟类志[M]. 长春：吉林科学技术出版社.
郑光美，1995. 鸟类学[M]. 北京：北京师范大学出版社.
郑光美，2023. 中国鸟类分类与分布名录[M]. 3版. 北京：科学出版社.
郑光美，2012. 鸟类学[M]. 2版. 北京：北京师范大学出版社.
郑炜，葛晨，李忠秋，2012. 鸟类种群密度调查和估算方法初探[J]. 四川动物，31(1)：84-88.
郑作新，2002. 中国鸟类系统检索[M]. 3版. 北京：科学出版社.
中国科学院中国植物志编辑委员会，1984. 中国植物志(第49卷)[M]. 北京：科学出版社.
周伟，罗旭，2020. 野生动物保护与研究实用技术[M]. 北京：中国林业出版社.
邹发生，陈桂珠，2004. 海南岛尖峰岭热带山地雨林林下鸟类群落研究[J]. 生态学报，24(3)：510-516.
ARMBRUSTERW S，1986. Reproductive interactions between sympatric Dalechampia species：are natural assemblages "random" or organized[J]. Ecology，67：522-533.
BHATTACHARYA A，MANDAL S，2000. Pollination biology in Bombax ceiba Linn[J]. Current Science，79(12)：1706-1712.
BRUNEAU A，1997. Evolution and homology of bird pollination sundromes in Erythrina (Leguminosae)[J]. American Journal of Botany，84(1)：54-71.
CORLETT R T，2004. Flowering visitors and pollination in the Oriental (Indomalayan) Region[J]. Biology Review，79：497-532.
CUTLER T L，SWANN D E，1999. Using remote photography in wildlife ecology：a review[J]. Wildlife Society Bulletin，27(3)：571-581.
DIAMOND J M，1981. Mixed-species foraging groups[J]. Nature，292(5822)：408-409.

FAEGRI K, VAN DER P L, 1979. The Principles of Pollination Ecology[M]. 3rd ed. New York: Pergamon Press, 123-129.

GILL F B, PRUM R O, SCOTT K R, 2019. Ornithology[M]. New York: Freeman and Company.

GOODALE E, NIZAM B Z, ROBIN V V, et al., 2009. Regional variation in the composition and structure of mixed-species bird flocks in the Western Ghats and Sri Lanka [J]. Current Science, 97(5): 647-662.

GREENBERG R, 2001. Birds of many feathers: the formation and structure of mixed species flocks of forest birds[J]. Environmental Science, 521-558.

HUTTO R L, 1994. The composition and social organization of mixed-species flocks in a tropical deciduous forest in western mexico[J]. The Condor, 96(1): 105-118.

KONIG H E, KORBEL R, LIEBICH H-G, 2016. Avian Anatomy[M]. Sheffield: 5M Publishing Ltd.

KREBS J R, 1973. Social learning and the significance of mixed-species flocks of Chickadees (*Parus* spp.)[J]. Canadian Journal of Zoology, 51(12): 1275-1288.

LATTA S C, WUNDERLE JR J M, 1996. The composition and foraging ecology of mixed-species flocks in pineforests of Hispaniola [J]. The Condor, 98 (3): 595-607.

LOR S, MALECKI A, 2002. Call-Response surveys to monitor marsh bird population trends[J]. Wildlife Society Bulletin, 30(4): 1195-1201.

LOTZ C N, 2000. Effects of nectar concentration on water balance, osmoregulation, and thermoregulation in a nectar-feeding sunbird [J]. American Zoologist, 40 (6): 1109.

MARTENS J, TIRTZE D T, ECK S, et al., 2004. Radiation and species limits in the Asian Pallas's warbler complex (*Phylloscopus proregulus* s. l.)[J]. Journal of Ornithology, 145(3): 206-222.

MCCLURE H E, 1967. The Composition of mixed species flocks in lowland and submontane forests of Malaya[J]. The Wilson Bulletin, 79(2): 131-154.

MORSE D H, 1970. Ecological aspects of some mixed-species foraging flocks of birds [J]. Ecological Monographs, 40(1): 119.

NEWTON I, KAVANGH R, OLSEN J, et al., 2002. Ecology and Conservation of Owls[M]. Collingwood: CSIRI Publishing.

NICHOLS J D, KARANTH K U, 2011. Camera traps in animal ecology: methods and analyses[M]. New York: Springe.

PCKERT M, MARTENS J, ECK S, et al., 2005. The great tit (*Parus major*)–a misclassified ring species[J]. Biological Journal of the Linnean Society, 86(2): 153–174.

POWELL G V N, 1985. Sociobiology and adaptive significance of interspecific foraging flocks in the Neotropics[J]. Ornithological Monographs, 36(36): 713–732.

POWELLI G V N, 1979. Structure and dynamics of interspecific flocks in a Neotropical mid-elevation forest[J]. The AUK, 96(2): 375–390.

RAJU A J S, RAO S P, RANGALAH K, 2005. Pollination by bats and birds in the obligate outcrosser *Bombax ceiba* L. (Bombacaceae), a tropical dry season flowering tree species in the Eastern Ghats forests of India[J]. Ornithol Science, 4(1): 81–87.

ROXBURGH L, PINSHOW B, 2000. Nitrogen requirements of an Old World nectarivore, the orange-tufted sunbird Nectarinia osea[J]. Physiological and Biochemical Zoology, 73: 638–645.

SCHLISING R A, TURPIN R A, 1971. Hummingbird dispersal of Delphinium cardinale pollen treated with radioactive iodine[J]. American Journal of Botany, 58(5): 401–406.

YUMOTO T, 2000. Bird-pollination of three Durio species (Bombacaceae) in a tropical rainforest in Sarawak, Malaysia[J]. American Journal of Botany, 87(8): 1181–1188.

附录一　鸟类调查常用记录表

附表 1　鸟类样线法记录表

日期：		天气情况：		开始时间：	
观察人：		记录人：		结束时间：	
地点：				样线编号	
起点 GPS 坐标			起点海拔(m)		样线长度(km)
终点 GPS 坐标			终点海拔(m)		

第____次调查

生境信息(必填)：

生境类型	层次一	层次二	占样线总长度的比例(%)
1			
2			

干扰信息(必填)

干扰类型	层次一	层次二	干扰强度
1			
2			

物种信息(必填)

物种名称	数量	距离	生境

注：①样线编号一般用地名+编号；②地点指样线最近的地标信息，比如乡镇、村寨或者山头、河流名称；③观察人通常为 2 人；记录人为 1 人；④时间精确到 min；⑤样线长度以 2~3 km 为宜，特殊情况下不少于 1 km；⑥生境和干扰信息可根据实习地实际情况和相关文献确定；⑦距离划分为 4 类：A 为 25 m 以内；B 为 25~100 m；C 为大于 100 m；D 为空中，特指猛禽在空中飞行的情况。

附表2　鸟类耐受距离记录表

m

物种	个数	生境	观察时段	初始行为	4种耐受距离			
					缓冲距离	惊飞距离	警戒距离	安全距离

注：①生境类型可分为草地、灌丛、农田、裸地和树林；②观察时段为6：30～9：30和16：00～19：00；③初始行为指觅食、鸣叫和休息。

附表3　访花鸟类野外调查记录表

序号	物种名称	距离	生境	访问植物	调查时间	访问次数	食性
1							
2							
3							
4							
5							

附表4　访花鸟类组成与访花频次记录表

%

鸟类情况		周围环境中鸟类		访花鸟类			
		种数	种数百分比	种数	种数百分比	访花频次	访花频次百分比
居留情况	留鸟						
	夏候鸟						
	冬候鸟						

（续）

鸟类情况		周围环境中鸟类		访花鸟类			
		种数	种数百分比	种数	种数百分比	访花频次	访花频次百分比
食性	肉食性(C)						
	食果鸟(F)						
	食虫鸟(I)						
	食果食虫鸟(F-I)						
	食谷食虫鸟(G-I)						
	食蜜食虫鸟(N-I)						
	杂食性鸟(O)						

附表 5　食果鸟类组成与取食频次记录表

物种	取食					体重(g)	体长(cm)	嘴峰长(mm)	居留型
	基质	方式	月份	次数	数量(颗/次)				

注：①取食基质分为树上和地面；②取食方式指整吞果实、啄食果肉和取食种子；③居留型可分为留鸟、冬候鸟和旅鸟。

附录二　云南省常见 120 种鸟类名录

目科	种	居留型	区系	中国脊椎动物红色名录	保护级别
鸡形目 GALLIFORMES					
雉科 Phasianidae					
	血雉 *Ithaginis cruentus*	R	广	NT	Ⅱ
	红腹角雉 *Tragopan temminckii*	R	东	NT	Ⅱ
	白鹇 *Lophura nycthemera*	R	东	LC	Ⅱ
	白马鸡 *Crossoptilon crossoptilon*	R	广	NT	Ⅱ
	黑颈长尾雉 *Syrmaticus humiae*	R	东	VU	Ⅰ
	白腹锦鸡 *Chrysolophus amherstiae*	R	东	NT	Ⅱ
雁形目 ANSERIFORMES					
鸭科 Anatidae					
	斑头雁 *Anser indicus*	W	广	LC	
	赤麻鸭 *Tadorna ferruginea*	S/W	广	LC	
	赤膀鸭 *Mareca strepera*	W	古	LC	
	斑嘴鸭 *Anas zonorhyncha*	R/W	广	LC	
	绿翅鸭 *Anas crecca*	W	古	LC	
	赤嘴潜鸭 *Netta rufina*	W	古	LC	
	凤头潜鸭 *Aythya fuligula*	W	古	LC	
䴙䴘目 PODICIPEDIFORMES					
䴙䴘科 Podicipedidae					
	小䴙䴘 *Tachybaptus ruficollis*	R	广	LC	
	凤头䴙䴘 *Podiceps cristatus*	W	古	LC	
鸽形目 COLUMBIFORMES					
鸠鸽科 Columbidae					
	斑林鸽 *Columba hodgsonii*	R	广	LC	
	山斑鸠 *Streptopelia orientalis*	R	广	LC	
	珠颈斑鸠 *Streptopelia chinensis*	R	广	LC	

（续）

目科	种	居留型	区系	中国脊椎动物红色名录	保护级别
鹤形目 GRUIFORMES					
秧鸡科 Rallidae					
	紫水鸡 *Porphyrio porphyrio*	R	东	VU	Ⅱ
	白骨顶 *Fulica atra*	R/W	古	LC	
鹤科 Gruidae	黑颈鹤 *Grus nigricollis*	W	广	VU	Ⅰ
鸻形目 CHARADRIIFORMES					
鸻科 Charadriidae					
	凤头麦鸡 *Vanellus vanellus*	W	古	LC	
	金眶鸻 *Charadrius dubius*	R	广	LC	
鹬科 Scolopacidae					
	扇尾沙锥 *Gallinago gallinago*	W	古	LC	
	鹤鹬 *Tringa erythropus*	W/P	古	LC	
	白腰草鹬 *Tringa ochropus*	W	古	LC	
	矶鹬 *Actitis hypoleucos*	W/P	古	LC	
鸥科 Laridae					
	棕头鸥 *Chroicocephalus brunnicephalus*	W	古	LC	
	红嘴鸥 *Chroicocephalus ridibundus*	W	古	LC	
鲣鸟目 SULIFORMES					
鸬鹚科 Phalacrocoracidae					
	普通鸬鹚 *Phalacrocorax carbo*	W	广	LC	
鹈形目 PELECANIFORME					
鹭科 Ardeidae					
	池鹭 *Ardeola bacchus*	R/W	广	LC	
	苍鹭 *Ardea cinerea*	W	广	LC	
	中白鹭 *Ardea intermedia*	R	广	LC	
	白鹭 *Egretta garzetta*	R	广	LC	
鹰形目 ACCIPITRIFORMES					
鹰科 Accipitridae					

（续）

目科	种	居留型	区系	中国脊椎动物红色名录	保护级别
	凤头蜂鹰 *Pernis ptilorhynchus*	P	古	NT	Ⅱ
	凤头鹰 *Accipiter trivirgatus*	R	东	NT	Ⅱ
	雀鹰 *Accipiter nisus*	R/S	广	LC	Ⅱ
	普通鵟 *Buteo japonicus*	W	古	LC	Ⅱ
犀鸟目 BUCEROTIFORMES					
戴胜科 Upupidae					
	戴胜 *Upupa epops*	R	广	LC	
佛法僧目 CORACIIFORMES					
蜂虎科 Meropidae					
	栗喉蜂虎 *Merops philippinus*	S	东	LC	Ⅱ
啄木鸟目 PICIFORMES					
啄木鸟科 Picidae					
	斑姬啄木鸟 *Picumnus innominatus*	R	东	LC	
	星头啄木鸟 *Dendrocopos canicapillus*	R	广	LC	
	灰头绿啄木鸟 *Picus canus*	R	广	LC	
隼形目 FALCONIFORMES					
隼科 Falconidae					
	红隼 *Falco tinnunculus*	R	广	LC	Ⅱ
雀形目 PASSERIFORME					
扇尾鹟科 Rhipiduridae					
	白喉扇尾鹟 *Rhipidura albicollis*	R	东	LC	
伯劳科 Laniidae					
	棕背伯劳 *Lanius schach*	R	东	LC	
	灰背伯劳 *Lanius tephronotus*	R	广	LC	
鸦科 Corvidae					
	松鸦 *Garrulus glandarius*	R	广	LC	
	灰喜鹊 *Cyanopica cyanus*	R	东	LC	
	红嘴蓝鹊 *Urocissa erythroryncha*	R	广	LC	
	喜鹊 *Pica pica*	R	广	LC	

（续）

目科	种	居留型	区系	中国脊椎动物红色名录	保护级别
	星鸦 *Nucifraga caryocatactes*	R	广	LC	
	达乌里寒鸦 *Corvus dauuricus*	R/S		LC	
	小嘴乌鸦 *Corvus corone*	R/P	古	LC	
	白颈鸦 *Corvus pectoralis*	R	广	NT	
玉鹟科 Stenostiridae					
	黄腹扇尾鹟 *Chelidorhynx hypoxanthus*	R	东	LC	
	方尾鹟 *Culicicapa ceylonensis*	R	广	LC	
山雀科 Paridae					
	黑冠山雀 *Periparus rubidiventris*	R	广	LC	
	绿背山雀 *Parus monticolus*	R	广	LC	
扇尾莺科 Cisticolidae					
	黑喉山鹪莺 *Prinia atrogularis*	R	东	LC	
	灰胸山鹪莺 *Prinia hodgsonii*	R	东	LC	
	纯色山鹪莺 *Prinia inornata*	R		LC	
苇莺科 Acrocephalidae					
	噪苇莺 *Acrocephalus stentoreus*	R	东	LC	
鹎科 Pycnonotidae					
	凤头雀嘴鹎 *Spizixos canifrons*	R	东	LC	
	红耳鹎 *Pycnonotus jocosus*	R	东	LC	
	黄臀鹎 *Pycnonotus xanthorrhous*	R	广	LC	
	黑喉红臀鹎 *Pycnonotus cafer*	R	东	LC	
	白喉红臀鹎 *Pycnonotus aurigaster*	R	东	LC	
	绿翅短脚鹎 *Ixos mcclellandii*	R	东	LC	
柳莺科 Phylloscopidae					
	橙斑翅柳莺 *Phylloscopus pulcher*	R	广	LC	
长尾山雀科 Aegithalidae					
	红头长尾山雀 *Aegithalos concinnus*	R	东	LC	
	黑眉长尾山雀 *Aegithalos bonvaloti*	R		LC	
莺鹛科 Sylviidae					

（续）

目科	种	居留型	区系	中国脊椎动物红色名录	保护级别
	棕头雀鹛 *Fulvetta ruficapilla*	R	东	LC	
	点胸鸦雀 *Paradoxornis guttaticollis*	R		LC	
绣眼鸟科 Zosteropidae					
	黄颈凤鹛 *Yuhina flavicollis*	R	东	LC	
	白领凤鹛 *Yuhina diademata*	R	东	LC	
	棕臀凤鹛 *Yuhina occipitalis*	R	东	LC	
	红胁绣眼鸟 *Zosterops erythropleurus*	W/P	古	LC	Ⅱ
	灰腹绣眼鸟 *Zosterops palpebrosus*	W/R	东	LC	
林鹛科 Timaliidae					
	斑胸钩嘴鹛 *Erythrogenys gravivox*	R		LC	
	棕颈钩嘴鹛 *Pomatorhinus ruficollis*	R	东	LC	
幽鹛科 Pellorneidae					
	云南雀鹛 *Alcippe fratercula*	R	东	LC	
噪鹛科 Leiothrichidae					
	矛纹草鹛 *Babax lanceolatus*	R	东	LC	
	灰翅噪鹛 *Garrulax cineraceus*	R	广	LC	
	白颊噪鹛 *Garrulax sannio*	R	东	LC	
	橙翅噪鹛 *Trochalopteron elliotii*	R	广	LC	Ⅱ
	黑顶噪鹛 *Trochalopteron affine*	R	东	LC	
	斑喉希鹛 *Chrysominla strigula*	R	东	LC	
	红尾希鹛 *Minla ignotincta*	R	东	LC	
	黑头奇鹛 *Heterophasia desgodinsi*	R	东	LC	
䴓科 Sittidae					
	栗臀䴓 *Sitta nagaensis*	R	广	LC	
椋鸟科 Sturnidae					
	八哥 *Acridotheres cristatellus*	R	东	LC	
鸫科 Turdidae					
	长尾地鸫 *Zoothera dixoni*	W	东	LC	
	黑胸鸫 *Turdus dissimilis*	R	东	NT	

（续）

目科	种	居留型	区系	中国脊椎动物红色名录	保护级别
	乌鸫 *Turdus mandarinus*	R	广	LC	
	灰头鸫 *Turdus rubrocanus*	R	广	LC	
	红尾斑鸫 *Turdus naumanni*	W		LC	
	宝兴歌鸫 *Turdus mupinensis*	R	广	LC	
鹟科 Muscicapidae					
	红喉歌鸲 *Calliope calliope*	W	广	LC	Ⅱ
	白眉林鸲 *Tarsiger indicus*	R	东	LC	
	鹊鸲 *Copsychus saularis*	R	东	LC	
	蓝额红尾鸲 *Phoenicuropsis frontalis*	R	广	LC	
	北红尾鸲 *Phoenicurus auroreus*	W	广	LC	
	白顶溪鸲 *Chaimarrornis leucocephalus*	W	广	LC	
	紫啸鸫 *Myophonus caeruleus*	W/P	广	LC	
	小燕尾 *Enicurus scouleri*	R	东	LC	
	黑喉石䳭 *Saxicola maurus*	R	广	LC	
	灰林䳭 *Saxicola ferreus*	R	广	LC	
	栗腹矶鸫 *Monticola rufiventris*	R	广	LC	
	褐胸鹟 *Muscicapa muttui*	S/P	东	LC	
	红喉姬鹟 *Ficedula albicilla*	P		LC	
	铜蓝鹟 *Eumyias thalassinus*	S	广	LC	
啄花鸟科 Dicaeidae					
	红胸啄花鸟 *Dicaeum ignipectus*	R	东	LC	
花蜜鸟科 Nectariniidae					
	蓝喉太阳鸟 *Aethopyga gouldiae*	R	东	LC	
梅花雀科 Estrildidae					
	白腰文鸟 *Lonchura striata*	R	东	LC	
	斑文鸟 *Lonchura punctulata*	R	东	LC	
鹡鸰科 Motacillidae					
	白鹡鸰 *Motacilla alba*	W/P	广	LC	
	树鹨 *Anthus hodgsoni*	W	广	LC	

（续）

目科	种	居留型	区系	中国脊椎动物红色名录	保护级别
燕雀科 Fringillidae					
	普通朱雀 *Carpodacus erythrinus*	W	广	LC	
鹀科 Emberizidae					
	西南灰眉岩鹀 *Emberiza godlewskii*	R	广	LC	

附录三　红外相机拍摄的 20 种鸟类照片

紫啸鸫（曲靖念湖）

白马鸡（迪庆哈巴雪山）

白鹇（楚雄雕翎山）

白腹锦鸡（昭通药山）

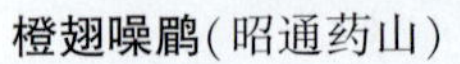
橙翅噪鹛(昭通药山)

点斑林鸽(楚雄雕翎山)

黑颈长尾雉(楚雄紫溪山)

斑胸钩嘴鹛(昭通药山)

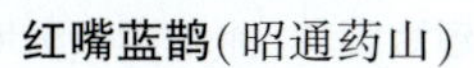

红嘴蓝鹊(昭通药山)

绿背山雀(昭通药山)

红尾鸫(昭通药山)

灰头鸫(昭通药山)

蓝眉林鸲(迪庆碧罗雪山)

绿翅短脚鹎(曲靖海峰湿地)

雀鹰(昭通药山)

乌鸫(迪庆碧罗雪山)

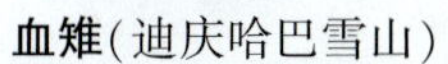

血雉(迪庆哈巴雪山)

星鸦(昭通药山)

松鸦(曲靖海峰湿地)

长尾地鸫(昭通药山)

附录四　云南省常见 112 种鸟类

八哥(曲靖念湖)

白顶溪鸲(丽江老君山)

白喉红臀鹎(昆明呼马山)

白喉扇尾鹟(昆明呼马山)

白鹡鸰(昆明西山)

白颊噪鹛(昆明嘉丽泽)

白颈鸦(曲靖念湖)

白领凤鹛(文山老君山)

白鹭(曲靖念湖)

白腰草鹬(曲靖念湖)

白腰文鸟(昆明呼马山)

斑喉希鹛(文山老君山)

斑姬啄木鸟（昆明西山）

斑头雁（曲靖念湖）

斑文鸟（成鸟，昆明呼马山）

斑文鸟（幼鸟，昆明呼马山）

斑胸钩嘴鹛（楚雄紫溪山）

斑嘴鸭（曲靖念湖）

宝兴歌鸫（楚雄紫溪山）

北红尾鸲（雄鸟，昆明呼马山）

北红尾鸲（雌鸟，昆明植物园）

苍鹭（昆明嘉丽泽）

橙斑翅柳莺（楚雄紫溪山）

池鹭（冬羽，曲靖念湖）

赤膀鸭(雄鸟，大理剑湖)

赤麻鸭(大理剑湖)

赤嘴潜鸭(雌鸟，大理茈碧湖)

赤嘴潜鸭(雄鸟，大理茈碧湖)

纯色山鹪莺（大理洱海）

达乌里寒鸦（曲靖念湖）

戴胜（大理洱海）

点胸鸦雀（昆明世博园）

方尾鹟(昆明呼马山)

凤头蜂鹰(昆明呼马山)

凤头麦鸡(大理剑湖)

凤头䴙䴘(大理洱海)

凤头潜鸭（大理洱海）

凤头雀嘴鹎（文山老君山）

凤头鹰（楚雄紫溪山）

白骨顶（大理剑湖）

褐胸鹟(保山高黎贡山)

鹤鹬(曲靖念湖)

黑顶噪鹛(丽江老君山)

黑冠山雀(丽江老君山)

黑喉红臀鹎(保山潞江坝)

白喉山鹪莺(文山老君山)

黑喉石䳭(雌鸟，昆明呼马山)

黑喉石䳭(雄鸟，昆明嘉丽泽)

黑颈鹤 1(曲靖念湖)

黑颈鹤 2(曲靖念湖)

黑眉长尾山雀(丽江玉龙雪山)

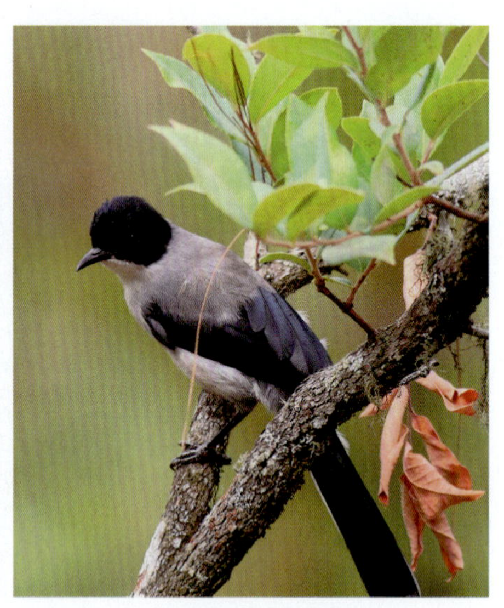

黑头奇鹛(楚雄紫溪山)

黑胸鸫(雌鸟，楚雄紫溪山)

红耳鹎(文山广南)
(汤锦涛 摄影)

红喉姬鹟(昆明呼马山)

红隼(楚雄方山)

红头长尾山雀（楚雄紫溪山）

红胁绣眼鸟（临沧沧源）

（汤锦涛 摄影）

红胸啄花鸟（雄鸟，文山古林箐）

红胸啄花鸟（雌鸟，文山老君山）

红嘴蓝鹊(楚雄紫溪山)

红嘴鸥(昆明寻甸)

黄腹扇尾鹟(文山老君山)

黄颈凤鹛(文山老君山)

黄颊山雀(楚雄紫溪山)

黄臀鹎(昆明呼马山)

灰背伯劳(曲靖念湖)

灰腹绣眼鸟(昆明呼马山)

云南雀鹛(楚雄紫溪山)

灰林鵰(雌鸟，楚雄紫溪山)

灰林鵰(雄鸟，楚雄紫溪山)

西南灰眉岩鹀(楚雄紫溪山)

灰头鸫(保山百花岭)

灰头绿啄木鸟(楚雄紫溪山)

灰喜鹊(昆明呼马山)

灰胸山鹪莺(文山老君山)

火尾希鹛（楚雄紫溪山）

矶鹬（曲靖念湖）

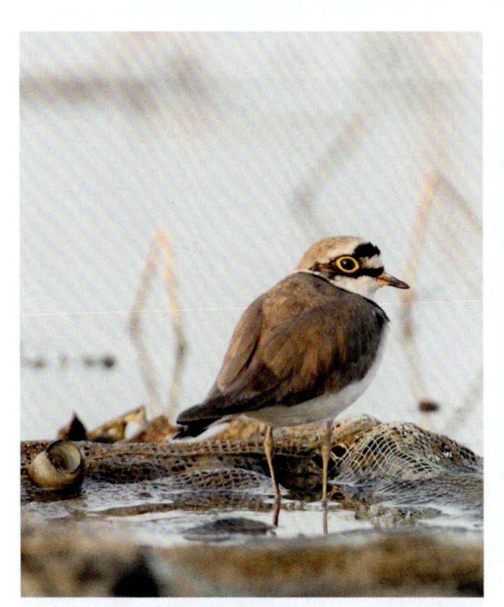

金眶鸻（文山平远）

蓝额红尾鸲（雌鸟，楚雄紫溪山）

蓝额红尾鸲(雄鸟，楚雄紫溪山)

蓝喉太阳鸟(雌鸟，文山老君山)

蓝喉太阳鸟(雄鸟，楚雄紫溪山)

栗喉蜂虎(保山潞江坝)

栗臀䴓(楚雄紫溪山)

普通鸬鹚(大理剑湖)

绿背山雀(丽江老君山)

绿翅鸭(曲靖念湖)

矛纹草鹛(曲靖念湖)

普通鵟(文山老君山)

普通朱雀(雌鸟，昆明呼马山)

鹊鸲(雌鸟，昆明呼马山)

鹊鸲(雄鸟，昆明呼马山)

扇尾沙椎(大理剑湖)

树鹨(楚雄紫溪山)

铜蓝鹟(文山老君山)

乌鸫(昆明呼马山)

喜鹊(曲靖念湖)

小䴙䴘(大理洱海)

小燕尾(丽江老君山)

小嘴乌鸦(曲靖念湖)

星头啄木鸟(楚雄紫溪山)

噪苇莺(昆明嘉丽泽)

中白鹭(文山平远)

珠颈斑鸠(昆明呼马山)

紫水鸡(大理剑湖)

紫啸鸫(昆明呼马山)

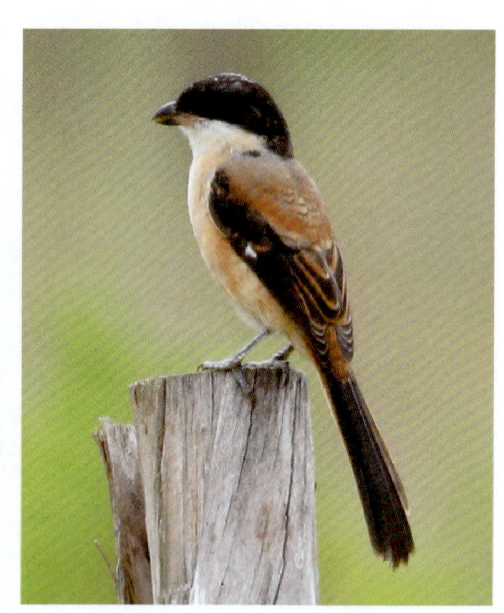
棕背伯劳(昆明嘉丽泽)

棕颈钩嘴鹛（楚雄紫溪山）

棕头鸥（昆明寻甸）

棕头雀鹛（昆明呼马山）

棕臀凤鹛（丽江老君山）